兵家韜略

兵法謀略與文化內涵

肖東發 主編　馮化志 編著

生死決戰間的制勝法則
重現兵家智慧的極致藝術

揭示千年兵法精髓，重現經典戰役場景
從古代兵書中汲取智慧，啟發現代決策新思維

目錄

序言

謀定後動 —— 兵法智慧

爭霸的智慧：兵書之源　　　　　　　　　　008

兵聖之典：孫武《孫子兵法》　　　　　　　016

禮法與兵道：融合兵家智慧的《司馬法》　　028

神謀兵書：托名姜尚的《六韜》　　　　　　038

實戰名著：魏楚霸業下的《吳子》　　　　　046

縱橫之道：王詡隱世傳《鬼谷子》　　　　　055

智勝千里：《孫臏兵法》的戰場奇謀　　　　065

秦國利器：尉繚《尉繚子》助力強秦　　　　075

智勇兼備 —— 實戰心得

帝師奇書：張良獲黃石公贈《三略》　　　　086

臥龍兵策：諸葛亮《兵法二十四篇》　　　　094

謀略經典：《三十六計》的計策智慧　　　　100

目錄

唐代名將：李靖《李衛公問對》　　　108

兵學秘典：李筌十卷兵法《太白陰經》　　118

軍事大全：《武經總要》的知識結集　　126

固城之策：守城製械專書《守城錄》　　133

致勝關鍵 —— 用兵之道

謀略傳奇：劉基《百戰奇略》　　142

兵法再編：唐順之博採眾長成《武編》　　150

海防抗倭：戚繼光的實戰兵法　　157

武備全書：茅元儀著述《武備志》　　166

百言精粹：揭暄潛心著《兵家百言》　　174

序言

　　浩浩歷史長河，熊熊文明薪火，中華文化源遠流長，滾滾黃河、滔滔長江，是最直接源頭，這兩大文化浪濤經過千百年沖刷洗禮和不斷交流、融合以及沉澱，最終形成了求同存異、兼收並蓄的輝煌燦爛的中華文明，也是世界上唯一綿延不絕而從沒中斷的古老文化，並始終充滿了生機與活力。中華文化曾是東方文化搖籃，也是推動世界文明不斷前行的動力之一。早在 500 年前，中華文化的四大發明催生了歐洲文藝復興運動和地理大發現。中國四大發明先後傳到西方，對於促進西方工業社會發展和形成，曾帶來了重要作用。

　　中華文化的力量，已經深深熔鑄到我們的生命力、創造力和凝聚力中，是我們民族的基因。中華民族的精神，也已深深植根於綿延數千年的優秀文化傳統之中，是我們的精神家園。

　　總之，中華文化博大精深，是各族人民五千年來創造、傳承下來的物質文明和公德心的總和，其內容包羅萬象，浩若星漢，具有很強文化縱深，蘊含豐富寶藏。我們要實現中華文化偉大復興，首先要站在傳統文化最前線，薪火相傳，一脈相承，弘揚和發展五千年來優秀的、光明的、先進的、科學的、

序 言

　　文明的和自豪的文化現象,融合古今中外一切文化精華,建構具有特色的現代民族文化,向世界和未來展示中華民族的文化力量、文化價值、文化形態與文化風采。

　　為此,在相關專家指導下,我們收集整理了大量古今資料和最新研究成果,特別編撰了本套大型書系。主要包括獨具特色的語言文字、浩如煙海的文化典籍、名揚世界的科技工藝、異彩紛呈的文學藝術、充滿智慧的中國哲學、完備而深刻的倫理道德、古風古韻的建築遺存、深具內涵的自然名勝、悠久傳承的歷史文明,還有各具特色又相互交融的地域文化和民族文化等,充分顯示了中華民族厚重文化底蘊和強大民族凝聚力,具有極強系統性、廣博性和規模性。

　　本書縱橫捭闔,採取講故事的方式進行敘述,語言通俗,明白曉暢,圖文並茂,形象直觀,古風古韻,格調高雅,具有很強的可讀性、欣賞性、知識性和延伸性,能夠讓讀者們感受到中華文化的豐富內涵,並能夠繼承和弘揚中華文化。

肖東發

謀定後動 —— 兵法智慧

　　西周末期，周宣王連年征戰，國力消耗得很厲害，社會矛盾加深。西元前771年，西周最終滅亡了。在東周時期，周天子的勢力不斷減弱，而各諸侯的勢力卻不斷增強，動搖了周朝宗主國的地位。

　　在春秋和戰國時期，大小諸侯國為了爭奪地盤，擴充自己的勢力範圍，征戰不已，社會政治、軍事、經濟、文化各方面，都發生了重大的變化。這個時候，一批適應新時代需求的軍事家和兵法家以及統兵將領，熱衷總結戰爭經驗，探討戰法與陣法的變化，研究兵法理論，並著書立說，兵法理論及思想因此有了重大發展。先秦兵法理論所取得的成就對後代兵法的進一步發展奠定了厚實的基礎。

謀定後動─兵法智慧

爭霸的智慧：兵書之源

西周晚期，周王室衰落，周天子失去了以往的權威，諸侯之間彼此兼併，爭奪土地和人民，因此連年征戰，一時之間，華夏大地硝煙四起，鬥爭此起彼伏，經久不息。與此同時，兵學思想也有了重大發展。一些軍事理論著作應運而生，其中最有代表性的兵學著作是《軍志》和《軍政》。

周襄王二十年，即西元前632年，晉、楚兩國為爭奪中原霸權，在城濮進行了一次你死我活的大決戰。

晉軍先後攻占楚國的盟國衛國的都城楚丘和曹國的國都陶丘，並俘虜了曹國國君曹共公。與楚盟軍激戰的同時，晉軍又聯合齊、秦兩國與楚國及其他盟軍相抗衡。

一戰失利後，楚國國君楚成王被迫率部分楚軍從宋國國都商丘撤退到申，並令大將軍尹子玉放棄圍宋，避免與晉軍交戰。尹子玉不聽，獨自率領部下向北出發與晉軍交戰。

晉、楚兩軍還未接觸，晉文公就下令晉軍後撤九十里，這個做法履行了他當年流亡楚國時自己許下的「退避三舍」的諾言，又誘使楚軍深入，使其陷入被動的處境。

四月初一，晉、齊、秦、宋聯軍退至城濮附近區域，按上

軍在右、下軍在左、中軍居中的順序布陣。楚軍追擊而來，並分左、右、中三軍，擇地布陣。

第二日，開始交戰。晉軍先以下軍一部兵力擊潰楚聯軍中薄弱的陳、蔡兩軍，又以上軍主將狐毛在車上豎起兩面大旗，佯示主將後退；下軍主將欒枝在陣後用車輛拖拽樹枝揚起塵土，偽裝晉軍後退。

楚國大將尹子玉不知是計，下令全軍追擊，致使左軍孤軍突出，側翼暴露。晉軍趁機將楚軍左軍殲滅。尹子玉見勢不妙，急忙指揮楚軍撤軍，晉軍則乘勝追擊。

尹子玉率領敗殘兵敗將狼狽逃回楚地，不久，被迫自殺以謝罪楚國上下。晉楚城濮之戰以晉國完勝和楚國的完敗而告終。

《軍志》中記載了這次戰役，並總結了晉國之所以取勝而楚國之所以失敗的原因，在總結原因的基礎上，說明了戰爭的規律，曰：

允當則歸、知難而退、有德不可敵。

大意是說：「軍事行動要適可而止」、「要知難而退」、「有德的國家不可抗拒」。這裡的「德」指的是政治，指政治上處於優勢的國家是不可戰勝的。

《軍志》把政治作為決定戰爭勝負的首要條件，是當時軍事家難能可貴的策略思維。

謀定後動—兵法智慧

《軍志》曰:「先人有奪人之心」。意思是說:「先發制人,可以瓦解敵人的意志。」這句話是在講述西元前 597 年,晉、楚兩國為再次爭奪中原霸權,在「邲」這塊地方展開的一次交戰。

周定王十年,即西元前 597 年,這年的六月,楚莊王與令尹孫叔敖率大軍攻服鄭國。晉中軍元帥荀林父率領晉軍前去援救鄭國,到了河水時,荀林父聽到消息稱鄭國已經投降了楚國。

荀林父覺得再去援救鄭國已經沒有什麼意義了,於是他下令晉軍停止前進,準備返回晉地。楚莊王認為晉軍這個舉動十分不明智,屬於號令不遵,他馬上命令楚將孫叔敖率楚軍北上消滅這支晉軍。

兩軍見面後,孫叔敖假裝和晉軍求和,等麻痺了晉軍後,孫叔敖指揮楚軍先發制人,向晉軍猛衝過去。來勢凶猛的楚軍迫近時,晉主將荀林父驚惶失措,來不及防禦,晉軍全線潰退,最後,部分晉軍渡河逃遁。楚軍取得了這次戰爭的勝利。

類似討論用兵之道的內容,《軍志》中有很多,如:「先人有奪人之心,後人有待其衰。」意思是說:「先發制人,可以瓦解敵人的意志;後發制人,要等待敵人士氣衰竭。」再看:

止則為營,行則為陣。

意思是說:軍隊在夜晚停止行進時要紮營,行進時要隨時能轉換為戰陣。再看:

紛紛紜紜,鬥亂而不可亂也,渾渾沌沌,形圓而不可敗也。

大意是:戰場上雖然旌旗紛紛,人馬紜紜,但是統兵的將領卻要把紊亂無序的部隊,部署得井然有序,混沌相連,看不出疏漏和空隙,布列得圓滿而無疏缺。

後來宋代的類書《太平御覽・兵部四・將帥》引《軍志》一段話:

將謀欲密,士眾欲一,攻敵要疾,將謀密則奸心閉,士眾一則群心結,攻敵疾則詐不及。設軍有此三者,則計不奪。將謀洩則軍無勢,以外窺內則禍不制,財入營則眾奸會,將有此三者,軍必敗也。

這段話將戰爭與軍事行動有關的「三要」即保密、團結、速戰速決等重大問題,論述得清晰透澈,言簡而意賅。

「將謀欲密」指的是統兵將帥要有極強的保密觀念,在制定作戰計畫,進行軍事部署時要嚴格保密,不可洩漏軍機。

做到這一點,就能將內奸和外來間諜的耳目閉塞。如果將帥的謀劃洩漏,則軍隊就會失去戰鬥力。倘若一方的間諜窺探了另一方的內情,就不可避免造成禍患。如果敵人用財物的賄賂成功,就會有內奸彙集,作戰就會必然失敗。

「士眾欲一」指的是統兵將帥要採取各種舉措,使部隊上下團結一心,一致對敵,這樣就能令行禁止,戰無不勝,攻無不

克,所向無敵。否則作戰就必然失敗。

「攻敵要疾」指的是統兵將帥在指揮部隊作戰時,軍令要威嚴如山,行動要疾雷不及掩耳,這樣就能使敵人主帥的奸計詭詐來不及實施,敵軍的作戰行動無法展開,否則作戰就必然失敗。

《軍志》的這些精闢理論,影響深遠,多數都被後世的統兵將帥所吸納,如西元 621 年,唐將李靖就以「攻敵欲疾」之策降服了蕭銑。

《軍政》中也有這樣的精闢之論,如「見可而進,知難而退。」又曰:「強而避之。」大意是說:「見到條件可以就進攻敵人,知道條件困難就退卻。」又說:「敵人強大就避開他。」

所謂「見可而進」,指的是統兵將領在指揮軍隊作戰時,經過對敵我雙方軍事諸條件的分析對比後,能夠得出我優敵劣或我強敵弱的結論,就可以果斷地做出對敵發起進攻的決定,藉以奪取戰爭的勝利。

「知難而退」和「強而避之」,是同一個含義的不同說法,指的是統兵將帥在指揮軍隊作戰時,經過對敵我雙方軍事諸條件的分析對比後,得出了敵強我弱、敵眾我寡或敵優我劣的結論,就要明智地做出「知難而退」、「強而避之」的決定。

《軍志》和《軍政》已脫出對戰爭和軍事活動的簡單記述,是

對戰爭和其他軍事活動經驗的總結和概括,並在一定程度上揭示了戰爭和軍事活動中的某些規律,反映了對戰爭與軍事其他方面研究所獲得的成果,已具有兵學研究的特點,並被《孫子兵法》等兵書及其他典籍所徵引。

《軍志》和《軍政》的某些內容在《左傳》、《孫子兵法》以及《太平御覽》、杜佑的《通典》等書中都有記載,這些記載證明了《軍志》和《軍政》的存在及其價值所在。它們為春秋戰國時期兵書著述,即軍事文化的第一次發展高潮奠定了基礎。

【旁注】

中原:指以河南為核心延及黃河中下游的廣大地區,這一地區是中華文明的發源地,被古代華夏民族視為天下中心。古時,常也將這一地區稱為「中國」、「中土」、「中州」等。

晉文公(西元前 697～前 628 年):姬姓,名重耳,初為晉國公子,謙而好學,喜歡結交賢能智士,後受迫害離開晉國,遊歷諸侯,漂泊 19 年後返回晉國,成為晉國國君,即為晉文公。在位期間,任用賢臣,發展生產,開創了晉國長達百年的霸業,本人亦成為春秋時期霸主之一。

中軍:古代軍隊編制的稱謂。古軍制分上軍、中軍、下軍,以中軍為最尊,上軍次之,下軍又次之。上軍為大部隊探路;中軍就是主力大部隊。下軍,負責糧草等輜重,並為大部隊提

供後衛。另外還有左軍和右軍，它們保護大部隊的兩翼，並策應大部隊的行動。

令尹：楚國在春秋戰國時代的最高官銜，是掌握政治事務，發號施令的最高長官，其身處上位，對內主持國事，對外主持戰爭，總攬軍政大權於一身。令尹主要由楚國貴族當中的賢能來擔任，亦有少數外姓之人為令尹，但不多見。

《太平御覽》：宋代一部著名的類書，為北宋李昉、徐鉉等學者奉敕編撰，編撰於西元977年3月，成書於西元983年10月。《太平御覽》初名為《太平總類》。書成之後，宋太宗讀後，又更名為《太平御覽》。全書以天、地、人、事、物為序，分成五十五部，可謂包羅古今永珍。書中共引用古書一千多種，保留了大量宋以前的文獻資料，使本書顯得彌足珍貴。

《左傳》：中國古代最早一部敘事詳盡的編年體史書，共三十五卷。《左傳》全稱《春秋左氏傳》，原名《左氏春秋》，漢朝時又名《春秋左氏》、《左氏》。漢朝以後才多稱《左傳》，是為《春秋》做註解的一部史書，與《春秋公羊傳》、《春秋穀梁傳》合稱「春秋三傳」。《左傳》相傳是東周春秋末期魯國史官左丘明所著。

《通典》：中國歷史上第一部體例完備的政書，「十通」之一，記述唐天寶以前歷代經濟、政治、禮法、兵刑等典章制度及地誌、民族的專書。唐朝人杜佑撰，共二百卷，內分九門，子目一千五百餘條，約一百九十萬字。

【閱讀連結】

晉楚爭霸，晉文公下來晉軍「退避三舍」是有原因的。晉文公在沒有成為晉國國君前，名叫重耳，是晉獻公的一個兒子。晉獻公欲立驪姬的兒子奚齊為太子，將原來的太子申生殺了。重耳逃難到了楚國。

楚成王以國君之禮迎接重耳，待他如上賓。重耳也對楚成王十分尊敬。一天，楚王設宴招待重耳，兩人飲酒敘話，氣氛十分融洽。忽然楚王問重耳：「你若有一天回晉國當上國君，該怎麼報答我呢？」重耳略一思索說：「要是託大王的福，我能夠回到晉國，那我一定努力跟貴國交好，讓我們兩國的百姓過上太平的日子。但是萬一兩國發生了戰爭，那麼在兩軍相遇的時候，為了報答大王您，我一定退避三舍。如果還不能得到您的原諒，我再與您交戰。」古時候行軍，每三十里叫做一「舍」。退避三舍，就是退讓九十里的意思。日後，晉楚兩國發生了戰爭，晉文公踐行了自己的諾言，退讓楚軍「三舍」之地。

謀定後動─兵法智慧

兵聖之典：孫武《孫子兵法》

那是在西周周惠王統治時期，諸侯小國陳國發生了內亂，一時間兵戎相見，人人自危，人們紛紛逃離陳國。陳厲公的長公子陳完預感到大禍即將殃及自己，為了活命，他也匆忙逃離了陳國。

忙於逃命的陳完一時間不知道逃往哪裡。他忽然想到了齊國。齊國瀕臨渤海，物產豐富，更為重要的是實力強大。當政的齊國國君齊桓公在大臣管仲的輔佐下，進行了大刀闊斧的改革，取得了顯著的成果，齊國一躍成為一個稱雄於諸侯之上的大國。陳完決定逃往齊國避難。

陳完逃到齊國後，改姓田氏，成為管理手工業生產的「工正」之職。經過幾代之後，田完的五世孫田書已經成為齊景公王朝的大夫。

田書在一次戰爭中立了大功，齊景公十分高興，就把樂安這塊地方賞給了他，作為他的采邑，並賜姓孫氏，田書也就成了孫書。

孫書有一個兒子叫孫憑，字起宗，在齊景公朝中為卿。大約西元前535年左右，孫憑的一個兒子出生了，新生命的降世

對於這個正處於鼎盛時期的家族來說，無異於錦上添花。

這個新生命出生的當天晚上，同在朝中為官的孫書和孫憑父子倆都趕回家中。全家上下自主人到僕人都沉浸在無比喜悅的氛圍之中。

孫書決定將孫兒取名為「武」。武的字形由「止」、「戈」兩字組成，能止戈才是武。這是孫書對孫兒的極大祈願。

孫書還替孫兒取了個字，叫「長卿」。「卿」為朝中的大官，與大夫同列。孫書為齊大夫，孫憑為齊卿。他們希望孫武將來也能像他們一樣，在朝中為官，成為國家棟梁。

如他們所願，孫武自幼聰明睿智，機敏過人，且勤奮好學，善於思考，富有創新。更令他們欣喜的是，小孫武特別喜歡軍事。每當孫書、孫憑自朝中回到家裡，小孫武總纏著他們，讓他們講故事給他聽。他特別喜歡聽打仗的故事，而且百聽不厭。

漸漸地，在一旁侍候孫武的奴僕、家丁也都學會了講故事。於是，當祖父和父親不在家時，小孫武就纏著他們講故事給他聽。

除了聽故事，小孫武還有一個最大的愛好就是看書，尤其是喜歡看兵書。孫家收藏的兵書非常多，《黃帝兵書》、《風後握奇經》、《易經卜兵》、《軍志》、《軍政》、《軍禮》、《周書》、《老子兵錄》、《尚書兵紀》、《管子兵法》及上自黃帝、夏、商、周，下到春秋早、中期有關戰爭的許多竹簡，塞滿了閣樓。

小孫武喜歡爬上閣樓，把寫滿字的竹簡拿下來翻看。有不明白的問題就請教家聘的老師，甚至直接找祖父、父親問個明白。

有一次，孫武讀到「國之大事，在祀與戎」，他不明白，就跑去問老師：「先生，祀是什麼？戎是什麼？」

老師想今天孫武問的問題倒是簡單，於是隨口說：「祀是祭祀，戎是兵戎。」

孫武接著問：「祭祀是種精神的寄託，怎麼能和兵戎相提並論為國家的大事呢？」

老師頓覺奇異，一時答不出來。

孫武振振有辭說道：「只有兵才是國家的大事，而且是君臣不可不察的大事。」

孫武8歲時，被送進「庠序」接受系統的小學。在所有的課程中，孫武最感興趣的是「六學」中的「射」和「御」。

受尚武精神的影響，齊國從國君到士兵，都以勇武為榮。「射」和「御」是齊人首練的技藝，主要用於長距離的攻擊，是軍事活動的重要手段。

齊人向來以「射」術和「御」術的高低為榮辱，這已成為一種社會風氣。要想出將入相，為國家重用，首先必須先練好這兩門。

孫武對「射」和「御」投入了比其他學生多倍的努力。他刻苦練習，甚至到了廢寢忘食的地步。很快，孫武就成了掌握這兩項技能的同輩中的佼佼者。

孫武沒有滿足，更沒有就此止步，依舊是冬練三九，夏練三伏。此時，孫武心中有一個理想，那就是長大後要像他的祖父孫書、叔父田穰苴一樣，成為一名馳騁疆場的大將軍。

在孫武勤練「射」和「御」期間，齊國內部矛盾突發，且愈演愈烈，四大家族相互之間的爭權奪利已經白熱化了。孫武看在眼裡，急在心裡，為了不糾纏其中，他萌發了遠奔他鄉另謀出路，施展自己才華的想法。

他把目的地定在了地處南方的新興國家吳國。他認為新興的吳國是他才能施展和實現抱負理想的地方。大約在西元前517年，18歲的孫武攜帶妻子鮑氏、小兒子孫明和僕人們，從山東奔逃到了吳國。

吳國位於長江三角洲廣袤的沖積平原。山並不多，卻相對集中於吳地西部的太湖東岸。這裡河道縱橫，湖泊密布，都能向西與太湖相通，向東匯入江海，農田非常平坦，一般都種植稻米，發展蠶桑，人民殷富，是個正在崛起的諸侯國。

進入吳國境內後，孫武在吳都姑蘇郊外結識了從楚國潛逃來的楚國名士伍子胥。二人一見如故，結為摯友。便在姑蘇西南的穹窿山隱居下來。

謀定後動─兵法智慧

孫武和家人住在穹窿山,過著自耕自作的隱居生活。山塢中平疇田陌可供耕作,宜於農桑,適於飼養禽畜,種植蔬菜。

雖說這裡濃蔭蔽日,溪泉潺潺,卻並不顯得潮濕,高地茅舍,僻靜幽深,交通便利。孫武除了幫助家人從事耕作,做點農活,幾乎把全部的精力都投入到兵法研究上。

孫武離開齊國時,把自己喜愛的古兵書和自己撰寫的兵法十三篇,全部帶到了吳國。輾轉了好幾個月,現在終於可以靜下心來,認真閱讀和研究了。他不停翻閱著這些古兵書,一遍又一遍地修改自己撰寫的兵法十三篇。

孫武還花費大量時間,實地調查穹窿山及其周圍的太湖、其他山脈等環境,掌握了詳細的地理資料。

孫武將掌握、了解來的吳國的一些實際情況,比如吳國和楚國的關係等,寫進兵法十三篇中去,使兵法十三篇更符合吳國國情,更適合吳王及其大臣的傾向。孫武堅信,吳國就是他建功立業的地方,就是他實現全部理想的地方。

孫武新結識的摯友伍子胥和吳國公子光是好朋友。在光成為吳王闔閭後,伍子胥向他推薦了正在隱居的孫武。伍子胥稱讚孫武是個文能安邦,武能定國的曠世奇才。闔閭一開始不信,伍子胥不厭其煩,反覆推薦孫武,一個早上就推薦了7次,闔閭終於答應接見孫武。

孫武見實現自己遠大抱負的機會來了,就帶著修改完成的《孫子兵法》十三篇去見吳王闔閭。見面後,闔閭說:「今日請先生進宮,是想藉此機會探討一下兵法,先生身邊的幾位將軍,是我朝的幾元老將,他們都身經百戰,有著豐富的作戰經驗。先生來自齊國,我們想聽聽吳國外的用兵之法。」

孫武環顧四周,看眼前的陣勢,知道吳王要來考驗自己。吳王對一位老者說:「大將軍,你作戰經驗豐富,你講講如果深入敵國作戰,要遵循什麼原則呢?」

老者慢條斯理地說道:「在我看來,率軍深入敵國,振奮士氣、統一軍心是極為重要的,要注意士兵休養,安撫好他們的家屬,使他們沒有後顧之憂,安心訓練。千萬不可率疲憊之師與敵軍戰鬥,士兵只有積蓄起足夠的力量才能鬥志高昂。」

然後,吳王又問孫武:「先生又有什麼高見呢?」

孫武說:「我想,士兵遭遇無路可退的處境時也可以激起他們作戰的勇氣,當士兵走投無路,陷入絕境的時候,就什麼都不怕了。如果只有死路一條,豁出性命作戰或許還有一線生機,這樣的軍隊往往能展現意想不到的戰力。」

「還有平日裡整頓軍隊是十分必要的,軍隊裡要嚴格禁止謠言、迷信的傳播,以穩定軍心。」孫武滔滔不絕,析理透澈,說得眾人不住點頭。大談一番之後,孫武獻上了寫著《孫子兵法》十三篇的竹簡。

闔閭粗略一看，便頻頻點頭稱讚。由於時間已經太晚了，闔閭只得帶回宮去仔細觀看。闔閭仔細讀過《孫子兵法》十三篇後，十分驚喜，感覺孫武將兵戰論述得真是太透澈了。可以說字字珠璣，篇篇華章，真言警句，比比皆是。僅僅五千餘言的一部兵書，深刻闡明兵戰的利害關係、戰爭規律、將帥素養和勝仗前提。

孫武在兵法十三篇中自比商朝開國大臣伊尹和周朝開國大臣姜太公，表現出他的遠大理想、宏偉抱負和輔佐吳王建立千秋偉業的願望。

闔閭對孫武的軍事之才大為嘆服。他任命孫武為吳國將軍，統領吳國軍隊。從此，孫武的軍事生涯開始了。

《孫子兵法》是一部內容完整、結構嚴謹的軍事謀略專著。在書中，孫武把與戰爭有關的軍事問題，分為十三篇加以論述。各篇既能獨立成章，相互之間又有密切的連繫，上下承啟，前後銜接，渾然一體。

《孫子兵法》十三篇，分別為〈計〉篇、〈作戰〉篇、〈謀攻〉篇、〈形〉篇、〈勢〉篇、〈虛實〉篇、〈軍爭〉篇、〈九變〉篇、〈行軍〉篇、〈地形〉篇、〈九地〉篇、〈火攻〉篇、〈用間〉篇。

〈計〉篇講的是廟算，即出兵前在廟堂上比較敵我的各種條件，估算戰事勝負的可能性，並制定作戰計畫。這是全書的綱領。

〈作戰〉篇主要是講廟算後的戰爭動員。

〈謀攻〉篇是講以智謀攻城，即不專用武力，而是採用各種手段使守軍投降。

〈軍形〉篇和兵勢篇是講決定戰爭勝負的兩種基本要素：「形」和「勢」。〈虛實〉篇講的是如何透過分散集結、包圍迂迴，造成會戰地點上的我強敵劣，最後以多勝少。

〈軍爭〉篇講的是如何「以迂為直」、「以患為利」，奪取會戰的先機。〈九變〉篇講的是指揮官根據不同情況採取不同的策略戰術。

〈行軍〉篇講的是如何在行軍中宿營和觀察敵情。

〈地形〉篇講的是六種不同的作戰地形及相應的戰術需求。〈九地〉篇講的是依「主客」形勢和深入敵方的程度等劃分的九種作戰環境及相應的戰術需求。

〈火攻〉篇講的是以火助攻。

〈用間〉篇講的是五種間諜的配合使用。

《孫子兵法》是孫武在總結商、周、春秋時代戰爭經驗的基礎上，融入個人對戰爭的精心研究所獲得的成果。此書內容極為豐富，包括戰勝敵軍的規律、將領的才能和職責、軍隊的編制和訓練、戰場上遵循的原則、後備資源的供給、戰爭中的天氣狀況，策略地形等。書中還探討了與戰爭有關的一系列矛盾

的對立和轉化，如敵我、主客、眾寡、強弱、勝敗、利害等等。

《孫子兵法》的實用性和指導性非常強，其中針對各式各樣的情況，都有專門論述，其準備、應對之法簡潔有效，具有針對性，被廣為引用。

《孫子兵法》軍事思想科學、豐富，策略戰術變化無窮，集「韜略」、「詭道」之大成，是兵家的謀略寶庫，被尊為「談兵之祖」、「兵經」和「兵學聖典」。其博大精深的軍事內涵和邏輯縝密嚴謹的論證對後世軍事理論的創作發揮了啟蒙和借鑑的作用。

《孫子兵法》的流傳極其廣泛，傳鈔翻刻不斷，注家更是蜂起，產生了眾多版本，其中有：抄本、竹簡本、紙本、印本、白文字、註解本等，還流傳到周邊國家，而且產生重大影響。

【旁注】

齊桓公（西元前 685～前 643 年）：姜姓，呂氏，名小白。春秋時代齊國第十五位國君，也是春秋五霸之首，齊桓公任管仲為相，推行改革，實行軍政合一、兵民合一的制度，齊國逐漸強盛，齊桓公遂成為中原第一個霸主，受到周天子賞賜。但其晚年昏庸。

卿：古代官名。如三公九卿。漢以前有六卿，漢設九卿。北魏在正卿以下還有少卿。以後歷代相沿，清末才廢棄。其次為古代對人敬稱，如稱儒學大師荀子為「荀卿」。還有就是自唐

代開始,君主稱臣民的稱號。

黃帝:古華夏部落聯盟首領,中國遠古時代華夏民族的共主,傳說中的五帝之首,被尊為中華「人文初祖」。據說本姓公孫,後改姬姓。居軒轅之丘,號軒轅氏,建都於有熊亦稱有熊氏。黃帝以統一華夏部落的偉業載入史冊,在位期間,播百穀草木,大力發展生產,始製衣冠,建舟車,制音律,創醫學等。

《易經》:中國古代哲學書籍,也叫《周易》,簡稱《易》,是建立在陰陽二元論基礎上對事物運行的規律加以論證和描述的書籍。是中國傳統思想文化中哲學與倫理實踐的根源,對中國文化產生了巨大的影響,是華夏五千年智慧與文化的結晶。

伍子胥(西元前559～前484年):春秋末期吳國大夫、軍事家,名員,字子胥,原是楚國椒邑人。伍子胥的父親伍奢為楚平王子建的太傅,因受奸臣費無忌讒害,和其長子伍尚一同被楚平王殺害。伍子胥從楚國逃到吳國,成為吳王闔閭重臣。

楚國:春秋戰國時期南方的一個諸侯國。楚人是華夏族南遷的一支,其國君為熊氏。西元前223年被秦國所滅。

竹簡:戰國至魏晉時期的書寫材料。是削製成的狹長竹片、木片,竹片稱「簡」,木片稱「札」或「牘」,統稱為「簡」,現在一般說竹簡。均用毛筆墨書。由於其材料的侷限,難以廣泛的流傳,這極大地限制了文化和思想的傳播,這一切直至紙張的出現才得以改變。

謀定後動──兵法智慧

姜太公（西元前1156年～前1017年）：名尚，一名望，字子牙，或單呼牙，也稱呂尚，別號飛熊。商末周初著名政治家、軍事家和謀略家。姜子牙曾幫助周武王討伐商朝末代君主紂王，成為周朝建立的大功臣。姜子牙被認為是是齊國的締造者，齊文化的創始人，歷代典籍都公認他的歷史地位，儒、道、法、兵、縱橫諸家皆追他為本家人物，被尊為「百家宗師」。

廟算：中國古代最早的策略概念，指戰役之前的策略籌劃，是春秋戰國時期軍事家孫武在兵書《孫子兵法》中提出的。廟算是先秦時期對軍事策略的概括和總結，展現了這一時期軍事決策的特點。

抄本：按原書抄寫的書本，是印刷術發明之前人們記載歷史的主要手段和方式。現存最早的抄本書是西晉元康六年寫的佛經殘卷。抄本常因係名家手跡，接近原稿，保留完整等原因，十分珍貴。根據抄本紙格的顏色，人們往往稱紅格抄本、藍格抄本、黑格抄本，或稱朱絲欄、烏絲欄。

【閱讀連結】

相傳孫武有一天去見吳王闔閭，吳王問他能不能訓練女兵，孫武說：「可以。」於是吳王便撥了一百多位宮女給他。孫武把宮女編成兩隊，用吳王最寵愛的兩個妃子為隊長，教她們一些軍事的基本動作，並告誡她們還要遵守軍令，不可違背。不料

孫武開始發令時，宮女們覺得好玩，都一個個笑了起來。

　　孫武以為自己話沒說清楚，便重複一遍，等第二次再發令，宮女們還是只顧嘻笑。這次孫武生氣了，便下令把隊長拖去懲罰，理由是隊長領導無方。吳王聽說要懲罰他的愛妃，急忙向他求情，但是孫武說：「君王既然已經把她們交給我來訓練，我就必須依照軍隊的規定來管理她們，任何人違犯了軍令都該接受處分，這是沒有例外的。」結果還是懲罰了她們。宮女們見他說到做到，都嚇得臉色發白。第三次發令，沒有一個人敢再開玩笑了。

謀定後動─兵法智慧

禮法與兵道：融合兵家智慧的《司馬法》

經過長達十幾年的爭鬥，齊國的內亂終於暫時告一段落，齊國國君齊景公執政齊國，他夢想著能光復老祖宗齊桓公的霸業。基於這樣的偉大夢想，他積極納諫，關心臣民。齊國的國勢漸漸從內亂中恢復過來。

看著日益強大的齊國，齊景公非常興奮，一時間變得忘乎所以起來，他一改節儉的生活，追求起奢華的享受來了。為了滿足自己奢侈的生活，齊景公橫徵暴斂，肆意搜刮民財，並以殘酷的手段懲治勇於反抗自己的百姓，很快，齊國的國力又衰落下去了。

齊景公倒行逆施的行為被與齊國有宿怨的晉國知道了，機不可失，失不再來，晉國國君派出軍隊從四面進攻齊國的阿城和甄城，覬覦已久的燕國也想從中分得一杯羹，也派軍隊從北面侵入齊國黃河南岸一帶。

沒有準備的齊軍倉促應戰，很快被來勢凶猛的晉軍和燕軍打得大敗。齊軍潰不成軍，退向齊國腹地。

消息傳來，齊景公急得如同熱鍋上的螞蟻，他急忙召見相國晏嬰商討迎敵之策。晏嬰向齊景公獻計道：「大王，為今之

計，只有請田穰苴統兵禦敵。他雖然是田氏的遠族後代，但卻有經天緯地之才，他文能安邦，武能定國。」

齊景公見晏嬰說得如此邪乎，就下令召見了穰苴。一見面，齊景公沒有廢話，直接讓穰苴談談有關治軍、用兵的方略和法則。穰苴也沒有客氣，將自己的見解全盤托出，見解精到，齊景公見穰苴果然如相國晏嬰所說的有大將之才，至少在軍事理論上有著非同一般的見解。

齊景公馬上任命穰苴為大將軍，統領齊軍抗擊入侵的晉軍和燕軍。穰苴卻沒有馬上接受這個任命，對齊景公說：

「我出身卑微，大王從下層把我提拔到將軍的位置上來，位列大夫之上，士兵和其他同僚未必都能服從我，百姓也未必信任我，我人微而言輕啊，希望大王派一位您所寵愛的，而且國人也都尊重的大臣，前來監軍才行。」

齊景公同意了穰苴這個請求，他派自己的親信大夫莊賈去擔任監軍。穰苴對莊賈說：「明天我要點兵出發，請監軍中午準時到軍營門口會合。」說完，辭別景公走了。

第二天，穰苴按照約定的時間提前來到軍營，他叫軍士在營門口立起標竿，測量太陽的影子，布置好滴漏，記錄時辰，等待莊賈。

莊賈是齊景公的寵愛之臣，一貫驕橫自大，現在又因被大

謀定後動─兵法智慧

王寵信充任監軍,自然更增添了驕橫之色,也沒有把昨天穰苴讓他中午準時到軍營會合的事放在心裡。

到了正午,明晃晃的太陽格外耀眼。軍營的廣場上軍旗飄揚,幾個方陣的士兵排列整齊,整裝待發。穰苴見莊賈還沒有到軍營,就命令軍士放倒木表,放盡滴漏裡的水,進入軍營排程部署軍隊,並申明軍紀法令。

莊賈府裡,眾人酒喝得正酣。莊賈滿臉通紅地招呼著他的那些朋友,有人好心告訴莊賈說正午已過。莊賈聽了,不屑一顧,並嘲諷說:「小平頭當將軍,總把雞毛當令箭,時間就那麼重要嗎?時間到了又怎麼樣?」

穰苴操練布置完畢時,已到黃昏。這時,莊賈才來到軍營。

穰苴問:「為什麼遲到?」莊賈沒當回事地說:「親戚朋友設宴歡送我,所以耽誤了時間。」

穰苴馬上說:「將帥受領命令時就該忘記家庭,將身心完全放在軍隊,受軍隊的約束。到了軍營中,就要忘掉親戚朋友。擊鼓近戰時,就要把自己的生命置之度外。現在敵軍已經入侵,百姓驚恐不安,士兵在邊境奮戰,遭受傷亡,國君睡不好覺,吃不好飯,百姓的身家性命,全都寄託在您的身上,怎麼能因為有人送行而遲到呢?」

穰苴向執法的軍正問道:「軍法對遲到者的處分是怎麼規定

的?」軍正老老實實地回答道:「應當斬首。」

莊賈害怕了,他急忙派人飛馬急報齊景公,請齊景公救他。他派去的人還沒回來,穰苴已經命令侍衛將莊賈推出去在眾軍面前斬首了。消息一傳出,全軍將士都感到十分驚愕。

過了一會,齊景公的使臣拿著符節,驅車直闖軍營,要穰苴赦免莊賈。穰苴高聲問執法軍正:「在軍營裡駕車橫衝直撞,應當如何處置?」軍正回答說:「當斬。」

使臣面色大變,跪地求饒。穰苴說:「君王的使臣不能擅自斬首,但軍紀必須嚴明。」他命令將使臣的車拆了,把馬砍了,讓使臣將情況報告給景公。然後,穰苴命令軍隊出征,前往前線。

受到穰苴嚴明軍紀鼓舞的齊軍齊聲高呼保衛齊國,呼聲直衝雲霄,他們相信,有這樣明辨是非的統帥指揮他們作戰,會無往不勝。於是,軍隊浩浩蕩蕩前往前線。在行軍路上,穰苴對將士關懷備至,很多細小問題,都親自查看和過問。很快,齊軍來到了齊晉兩軍交戰之地。穰苴整頓好軍隊後,下令出擊。

齊軍各個奮勇當先,連傷病員都請求上陣。晉軍看到如狼似虎,不顧一切往前衝的齊軍,急忙撤軍。燕軍聽到這個消息後,也急忙北渡黃河撤軍回國。穰苴指揮齊軍,乘勝追擊,收復了失去的國土。

謀定後動─兵法智慧

班師途中，喜不自勝的齊景公率領文武百官來到郊外迎接。不久，齊景公尊奉穰苴為大司馬，掌管齊國軍隊，位列大夫之上。田穰苴也因此叫司馬穰苴。

有人得意，就有人失意，穰苴的飛黃騰達引來了齊國大夫鮑氏、高子、國子等人的嫉妒，他們在齊景公面前大獻讒言。不久，齊景公罷了穰苴的官。

穰苴離職後，悶悶不樂，把心思全放在了撰寫兵書上，他精研前人的《司馬法》，《司馬法》是前人的智慧結晶，《史記》記載：「《司馬法》所以來尚矣，太公、孫、吳、王子能紹而明之。」這裡的「太公」指的是西周時齊國的始祖呂尚。

司馬穰苴將自己的軍事經驗和軍事思想毫無保留地融入進《司馬法》，使《司馬法》不斷得到完善，思想價值不斷提高，在其軍事思想體系大致完成後，穰苴病發而亡。

齊威王執政齊國時，命令大夫將穰苴融入自己思想的兵書《司馬法》整理出來，並將穰苴名字附於其中。此外，齊國大夫們還根據戰國時期戰爭的特點，將其經驗總結出來，並將其也整合到這部兵書裡。

經過眾人的齊心努力，經過增補的《司馬法》被整理、編撰出來，由於其中融入了很多穰苴寶貴的軍事思想，因此《司馬法》也被稱為《司馬穰苴兵法》。

齊威王依據《司馬穰苴兵法》將齊國治理得井然有序,使齊國國力大盛,兵力強悍,成為戰國群雄的盟主,威震天下。

《司馬法》在講論古代軍政事務和策略戰術原則中,教導人從實際出發,從客觀存在的天、地等自然條件和人力、物力等物質條件出發來考慮問題。它提出了一系列對立統一的法則,如大小、多少、強弱、虛實、攻守、疏密、動靜等,要求人們從發展變化中看問題。

《司馬法》篇章亡佚很多,最初有一百五十五篇,後減至數十篇,後來,更減至五篇。分為〈仁本〉篇、〈天子之義〉篇、〈定爵〉篇、〈嚴位〉篇、〈用眾〉篇。

〈仁本〉篇主要論述以仁為本的戰爭觀。它把戰爭看成是政治的組成部分,是透過政治手段達不到目的時而採取的另一種權衡手段,所以它的戰爭觀是「以仁為本,以義治之」。

從仁本觀念出發,本篇提出:「國雖大,好戰必亡;天下雖安,忘戰必危。」的著名論斷。表現了它既反對戰爭,又不忘戰爭準備的進步態度。

本篇保留著一些古代的戰術原則,如:「逐奔不過百步」,「縱綏不過三舍」,「不窮不能而哀憐傷病」,「成列而鼓」,「爭義不爭利」等。

這些原則反映出西周及其以前的時代,交戰雙方採用大方

陣作戰，隊形呆板笨重，轉動不靈，只需一次攻擊，勝負已分的戰爭情形。

〈天子之義〉篇綜論軍事教育的各種法則。在治軍原則上，《司馬法》既反對治軍過於嚴厲，又反對治軍沒有威嚴。主張恰當地使用民力、畜力、任用官吏和有技能的人。

本篇還指出，將士在朝廷和在軍隊要表現出不同的氣度。在朝廷要溫文爾雅，謙虛謹慎；在軍中則要勇猛果決，體現出禮與法、文與武相輔相成的精神。

〈定爵〉篇統論為進行戰爭而作的政治、思想、物資、軍事和利用自然條件等各種準備以及陣法運用的原則等。

如，戰爭準備要確定軍中的爵位，制定賞罰制度，頒布治軍法則與教令，徵求各方意見，根據人心動向制定作戰方略。

提出了「軍中七政」：人才、法紀、宣傳、技巧、火攻、水戰、兵器。要努力處理好這些關係，充分發揮它們的作用。此外，榮譽、利祿、恥辱、刑罰是軍中的四種法紀，要將士嚴格遵守。

〈嚴位〉篇主要論述了陣法的構成及如何利用各種陣式作戰。該篇提出軍陣作戰的需求：士卒在陣中的位置不可變更；陣中軍規要森嚴，整體力量要輕裝精銳且敏捷，士氣要深沉冷靜，意志要統一。

〈用眾〉篇主要論述臨陣對敵、用眾用寡、避實擊虛的策

禮法與兵道：融合兵家智慧的《司馬法》

略、策略原則等。如：用眾、用寡的策略原則：用眾要求部隊嚴整不亂，適於正規作戰，適於進攻，適於包圍敵人或者分批輪番攻擊；用寡要求陣營鞏固，適於能進能退，適於虛張聲勢迷惑敵人，適於出奇制勝。

《司馬法》融入了眾多軍事理論家的智慧，具有重要的理論價值和史料價值，它的許多關於軍賦、軍法等軍制資料受到人們的重視，它所闡述的以法治軍的思想和具體的軍法內容，為其後各時期制定軍隊法令、條例提供了依據。它的許多關於戰爭的精彩論述富含辯證思想和哲理，對軍事訓練、戰爭皆具有教育意義。

《司馬法》成為後世培養和選拔軍事人才的軍事教科書，它出現了眾多的注釋本，並流傳到國外，普遍受到軍事理論家和統帥將士們的歡迎。

【旁注】

燕國：西周的一個諸侯國。姬姓。開國君主是燕召公奭。文化較齊國、晉國等中原大國落後。憑藉齊國的軍事幫助才得以保全，進而在日後有所發展，成為戰國七雄之一。西元前222年，被秦國所滅。

晏嬰：字仲，諡平，又稱晏子，山東高密人。春秋後期一位重要的政治家、思想家、外交家，是齊國上大夫晏弱之子。以生

活節儉，謙恭下士著稱。晏弱病死，晏嬰繼任為齊國上大夫。

滴漏：古代一種記錄時間的裝置。以一容器蓄水，下設一孔，令水滴下，以漏滴三下為一秒，以漏滴每六十秒共一百八十次為一分，每六十分共一萬零八百次為一時，每二時位滴漏二萬一千六百次為一個時辰，這樣就能非常準確地以分秒計算秒、分、時、辰。

軍正：古代軍中執法官名稱，中國最早的專職軍事法官。職責是掌管軍事刑法。自春秋時期起到漢代，先後都曾設定此官，漢朝又有軍正丞。

符節：古代朝廷傳達命令、徵調兵將以及用於各項事務的一種憑證。通常用金、銅、玉、角、竹、木、鉛等不同原料製成。用時雙方各執一半，合之以驗真假，如兵符、虎符等。

呂尚：姓姜，名尚，字子牙，又稱姜太公，商周之際傑出的政治家、軍事家，是西周文、武、成王三代的主要政治、軍事宰輔，也是春秋戰國時諸侯國齊國的開國始祖。姜太公的先祖曾封於呂，故以呂為氏，又稱「呂尚」。姜太公的政治思想和軍事謀略，對中國古代政治文化和軍事文化的形成和發展產生過巨大的影響。

齊威王：戰國時期齊國國君。漢族，媯姓，田氏，名因齊，齊桓公田午之子。西元前 356 年繼位，在位 36 年，以善於納諫用能，勵志圖強而名著史冊。

鼓：中國一種傳統的打擊樂器，在很早，中國就已有「土鼓」，即陶土作成的鼓。由於鼓有良好的共鳴作用，聲音激越雄壯而能傳聲很遠，所以很早就被作為軍隊上陣助威之用。古代有各種用途的鼓，如祭祀用的雷鼓、靈鼓，用於樂隊的晉鼓等。

司馬：中國古代官名，殷商時代始置，地位較高，與司徒、司空、司士、司寇並稱五官，掌管軍政和軍賦，春秋、戰國沿置。漢武帝時置大司馬，作為大將軍的加號，後亦加於驃騎將軍，後漢單獨設定。隋唐以後為兵部尚書的別稱。另外，司馬也是一種複姓，源於官職。

【閱讀連結】

俗話說：「不怕沒好事，就怕沒好人。」一天，齊景公在宮中飲酒取樂，一直喝到晚上，意猶未盡，便帶著隨從來到相國晏嬰的宅第，要與晏嬰對飲一番，沒想到卻被晏嬰規勸拒絕了。

齊景公又來到田穰苴的家中。田穰苴知道景公來意後，說：「陪國君飲酒享樂，君王身邊本就有這樣的人，這不是大臣的職份，臣不敢從命。」齊景公於是去了大夫梁丘的家裡喝酒。第二天，晏嬰與田穰苴都上朝進諫，勸齊景公不應該深夜到臣子家飲酒。齊景公很是惱怒。鮑氏、高氏、國氏等奸臣趁機紛紛向齊景公進讒言，他們要求齊景公免去穰苴的職務。昏庸的齊景公聽信讒言，將田穰苴免去了官職。

謀定後動─兵法智慧

神謀兵書：托名姜尚的《六韜》

在舜執掌天下的時候，他手下有個姜姓首領有功於社稷，有功於百姓，舜就將呂這塊地方賞賜給他，故稱之為呂氏。

呂氏家族一度十分興旺，後來家道中落，到商周之際，呂氏家族傳到了呂尚即姜尚時已淪為貧民。為維持生計，姜尚年輕時曾在商都朝歌宰牛賣肉，後來，又到孟津從事賣酒生意。

姜尚雖然貧寒，但人窮志堅，他胸懷大志，有著遠大的抱負。他勤苦學習，孜孜不倦地研究、探討治國興邦之道，以期有朝一日能夠大展宏圖，為國效力。這一天，還真讓他等到了。

當時，殷商國君紂王暴虐無道，荒淫無度，朝政腐敗，社會黑暗，經濟崩潰，民不聊生，百姓怨聲載道。而西部的周國由於西伯姬昌施行仁政，發展經濟，執行勤儉立國和裕民政策，因此社會清明，人心安定，國勢日強。

得道多助，失道寡助，周國的仁政吸引了天下的百姓慢慢都聚往西部，四邊諸侯也望風依附。一直尋找機會的姜尚獲悉姬昌為了治國興邦，正在廣求天下賢能之士，便毅然離開商朝，來到渭水之濱的西周領地，棲身於磻溪，終日以垂釣為事，以靜觀世間的變化，待機出山。

神謀兵書：托名姜尚的《六韜》

這一天，姜尚在磻溪垂釣時，恰遇到此遊獵的西伯姬昌，二人不期而遇，一個是尋覓良主的不世之材，一個是希望材為我所用的不世之主。二人談得十分投機。姬昌見姜尚學識淵博，通曉歷史和時勢，便向他請教治國興邦的良策。

姜尚當即提出了「三常」之說：

「一曰君以舉賢為常，二曰官以任賢為常，三曰士以敬賢為常。」

核心意思是，要想治國興邦，必須以賢為本，重視發掘、使用人才。姬昌聽後十分高興，說道：「我先君太公預言：『當有聖人至周，周才得以興盛。』您就是那位聖人吧？我太公望先生久矣！」於是，姬昌親自把姜尚扶上車輦，一起回宮，拜為太師，稱「太公望」。從此，姜尚這位賢能之士有了用武之地。

西伯姬昌大力招賢納士被商紂王知道後，他懷疑西伯姬昌欲圖謀不軌，奪取他的天下。他下令召姬昌進宮，將他拘捕在都城的監獄裡。姜尚和散宜生等姬昌手下的謀臣送給了紂王絕世美女和奇珍異寶。

好色且貪財的紂王見獵欣喜，他下令將姬昌從監獄放出。文王歸國後，與姜尚暗地裡謀劃如何討伐無道的紂王，傾覆商朝政權。姜尚積極制定出許多攻打商紂王的方案。

姜尚建議西伯姬昌一方面在國內發展生計，打下滅商的經

濟基礎。另一方面，對外表面上順從殷商的管理，以麻痺紂王，暗中拉攏鄰國、逐步瓦解殷商王朝的盟邦，剪除羽翼，削弱和孤立殷商王朝的勢力。

在姜尚的謀劃下，歸附西伯姬昌的諸侯國和部落越來越多，逐步占領了大部分殷商王朝的屬地，最後出現了「天下三分，其二歸周」的局面，為最後消滅紂王，取代殷商，創造了條件。

西伯姬昌死後，武王姬發繼位，他拜姜尚為國師，尊稱師尚父。姜尚繼續輔佐周國朝政。周朝逐漸羽翼豐滿，國勢日益隆盛。

約西元前 1059 年，周武王決定檢驗自己的威望和號召力，試著振臂一呼，看是否有四方響應的效果。於是周軍在姜尚的統率下，浩浩蕩蕩地行到孟津，周武王在孟津舉行了「孟津之誓」，發表了聲討殷紂王的檄文。

令武王欣喜的是，聲討檄文一發表，八百諸侯熱烈響應，紛紛派兵會師此地，顯示了武王的聲望。當時許多諸侯都說，可以討伐商紂王了，但是武王和姜尚則認為，時機尚不成熟，殷商王朝的統治雖已陷入內外交困、岌岌可危的處境，但其內部尚無明顯的土崩瓦解之狀，如果興師伐紂，必然會遭到頑強抵抗。於是，決定班師而回。

殷商王朝日益腐敗，紂王日夜歡歌不休，商朝百姓苦不堪言，他們紛紛逃離商朝，武王和姜尚見討伐商紂的時機終於到

來，遂組成以姜尚為統帥的討伐商紂的各路兵馬。

西元前1046年左右，討伐大軍在進軍到距商朝都城朝歌七十里的牧野舉行誓師大會，列數商紂王的許多罪狀，指揮軍隊準備和商紂王決戰。這時候商紂王才停止了歌舞宴樂，和那些貴族大臣們商議對策。

這時，紂王的軍隊主力還在其他地區，一時也調不回來，只好將大批的奴隸和俘虜來的東南夷武裝起來，湊了17萬人行向牧野。可是這些紂王的軍隊剛與周軍遭遇，就調轉矛頭，引導周軍殺向紂王。結果，紂王大敗，連夜逃回朝歌，眼見大勢已去，只好登上鹿臺放火自焚。周武王完全占領商都以後，便宣告了商朝的滅亡。

周朝建國之後，姜尚因滅商有功，被封於齊，都城建立在營丘。姜尚在齊國政局穩定後，開始改革政治制度。他順應當地習俗，簡化周朝的繁文縟節。大力發展商業。讓百姓享受漁鹽之利。於是天下人很多都來到齊國，成為當時的富國之一。

姜尚有著豐富的兵學思想和軍事經驗，對後世有著巨大的影響。在戰國末期，有人託姜尚之名編撰了兵書《六韜》，反映了姜尚的軍事活動和他的韜略思想。

司馬遷在《史記・齊太公世家》中指出：「後世之言兵及周之陰權皆宗太公為本謀。」意思是，後世談論兵法謀略都源自姜尚這裡，由此可以看出，姜尚為中國兵家的開山鼻祖。

《六韜》又稱《太公六韜》、《太公兵法》，全書以太公與文王、武王對話的方式編成。全書有六卷，共六十篇，內容十分廣泛，其中最精彩的部分是它的策略論和戰術論。

《六韜》分為《文韜》、《武韜》、《龍韜》、《虎韜》、《豹韜》、《六韜》六卷，故稱之為《六韜》。其中《文韜》12篇，主要講述了要想謀得天下，必須收攬人心。收攬人心，在於愛民，施行「仁政」等內容。

《武韜》5篇，講述了用武力和非武力手段取得國家政權的韜略，強調以破壞敵方的計謀為上，而後才動用武力征伐敵國。

《龍韜》3篇，主要論述了軍隊的統御和指揮問題，包括統帥部的組織機構、選將立帥的標準、通訊、出兵作戰的原則、預測敵情、如何預見勝負及耕戰結合等問題。

《虎韜》12篇，主要論述了兵器、輔助器材及各種戰術問題。

《豹韜》8篇，主要論述了在各種地形上的作戰方法，以及在特殊情況下的處置辦法。

《六韜》10篇，主要論述了軍隊的教練、士兵的挑選以及各兵種的作戰特色和協同作戰的韜略。

《六韜》繼承了以往兵家的優秀思想，又兼採諸子之長，所以思想內容很豐富，涉及戰爭觀念、軍隊設置、策略戰術等有關軍事的方面，其中又以策略和戰術的論述最為精彩，另外，

它的權謀家思想也很突出。

它從政治克敵的高度，闡述了不戰而勝的思想，它強調強調爭取人心；主張政治攻心，瓦解敵人，還主張文武並重，謀略為先。它繼承了《孫子兵法》的戰爭觀和「不戰而屈人之兵」的「全勝」思想，提出了「上戰無與戰」的主張，要求軍事將領能夠掌握兵不血刃而獲勝的技巧。

在治軍方面，《六韜》繼承和發展了《孫子兵法》和《吳子》的基本思想，主張任用勇、智、仁、信、忠兼備的將領，統領軍紀嚴明、號令一致、訓練有素的軍隊。

《六韜》受到後世兵家的重視，很多軍事家、政治家和統軍人物都精心研讀過它。

《六韜》曾被譯成西夏文，在少數民族中流傳。它不僅文武齊備，在政治和軍事理論方面往往發前人所未發，而且保留了豐富的古代軍事史料，如編制、兵器和通訊方式等，具有重要的理論和史料價值。

【旁注】

舜：上古三皇五帝中的五帝之一，姓姚名重華，字都君。舜為四部落聯盟首領，以受堯的「禪讓」而稱帝於天下，其國號為「有虞」。帝舜、大舜、虞帝舜、舜帝皆虞舜之帝王號，因此後世以舜簡稱。舜在位期間，勤勉治國，盡心盡力為百姓服

務，贏得了百姓的擁戴。

朝歌：古地名，位於河南北部鶴壁境內。商朝第二十位國王盤庚遷都城到殷，將殷改稱朝歌。周國滅商朝後，三分其地。朝歌北邊是邶，東邊是鄘，南邊是衛。漢代置朝歌縣，元代置淇州，明代將其改為淇縣。

太師：古代官名。太亦作大。西周設立，為輔弼國君之臣。秦朝曾廢止。漢朝時又復置。後歷代王朝以太師、太傅、太保為三公，多為大官的加銜，無實際的職權。

國師：中國歷代帝王對於佛教徒中一些學德兼備的高僧所給予的稱號。中國高僧獲得國師稱號的，一般以北齊時代法常為始。亦是對一些德才兼備，受人尊敬的人的稱呼。

牧野：古地名，牧野之稱是相對於殷都朝歌而言。朝歌城的周邊地區，分別稱作城、郭、郊、牧、野。著名的牧野之戰宣告了商王朝的滅亡和周朝的建立。

《史記》：中國第一部紀傳體通史，中國《二十四史》的第一部。記載了上自上古傳說中的黃帝時代，下至漢武帝太史元年間共3,000多年的歷史。《史記》與《漢書》、《後漢書》、《三國志》合稱「前四史」。

《三略》：原稱《黃石公三略》，是中國古代的一部著名兵書，與《六韜》齊名。此書側重於從政治策略上闡明治國用兵的道

理，不同於其他兵書。它是一部糅合了諸子各家的部分思想，專論策略的兵書。北宋神宗元豐年間編入當時武學必讀書《武經七書》。

【閱讀連結】

姜尚是個有心人，他打聽到周文王西伯姬昌正在廣招賢人能士，又打聽到周文王打獵必定經過渭水。姜尚便事先來到渭水邊，以直鉤垂鉤，連續幾天都這樣，靜候周文王這個大魚上鉤。最終，機會終於來了。

這天，周文王外出打獵，看見在渭水的支流磻溪邊上有一位釣魚的老人。老人鬢髮斑白，看上去有七八十歲了。奇怪的是他一邊釣魚，一邊嘴裡不斷地嘮叨：「快上鉤呀上鉤！願意上鉤的快來上鉤！」再一看，老人釣魚的魚鉤離水面有三尺高，而且是直的，不是彎的，上面也沒有釣餌。文王看了很納悶，就過去和老人攀談起來。攀談的結果讓他大喜過望，他發現自己找到了一直想尋找的文武雙全的治世之才，遂懇請姜尚出山幫助他建功立業，姜尚自然答應了。

謀定後動─兵法智慧

實戰名著：魏楚霸業下的《吳子》

春秋末期，各諸侯國之間矛盾重重，戰爭一觸即發，進入戰國初期，周王室更是被徹底拋在一邊，周天子已經是無足輕重的人物。諸侯國之間剩下的似乎只有弱肉強食了。

衛國地處黃河下游的一塊豐沃的平原上，東臨魯國，西接楚國，國內河流縱橫，是個富裕的諸侯小國。大約西元前440年，一件喜事降臨到衛國左氏一個富有的商人家庭，就是這商人的妻子產下一個男嬰。男嬰被取名吳起。吳起的父母對這個小傢伙的到來異常欣喜。

小吳起自幼天資聰慧，勤敏好學，他特別喜歡舞槍弄棒，對描寫戰爭的書籍有著異乎尋常的愛好。父母對小吳起也有意栽培，他們找來最好的老師教小吳起讀書。

然而，天有不測風雲，人有旦夕禍福，小吳起的安穩日子還沒過夠，父親就離世了。家庭的重擔一下子壓到了小吳起的母親身上。這個出身於書香門第的女性毅然擔起了教育小吳起的責任。

小吳起在母親的教導下很快成長起來，青年時期的吳起志向遠大，他發誓要出人頭地，做出一番事業。

在衛國，吳起沒有受到重用。為了取得功名，吳起決定離開衛國。臨走前，吳起對教育他成人的母親信誓旦旦地說：「我這次出去如果不能當大官，當不了卿相，這輩子都不會回來了。」

離家出走的吳起去了鄰國魯國。當時學儒學的人很多，儒學為顯學，很多名士和當官的人都是儒士。吳起認為學習儒學可以盡快出人頭地，所以，他和他的一個衛國老鄉李悝拜了曾子的兒子曾申的門下學習儒家經典。

在曾申的門下學習儒學幾年後，吳起認為儒家不能使他出人頭地，他決定放棄學習儒學，而學習兵法。說做就做，他開始研究起《皇帝陰符經》、《六韜》、《三略》、《孫子兵法》等軍事著作。

吳起非常刻苦地研讀這些兵書，在那些昏暗的夜晚，吳起在油燈前研讀這些兵書時，都感慨良久，他發現，兵法才是他的最愛。

吳起對《孫子兵法》十分尊崇，很多問題常在研讀《孫子兵法》時恍然大悟，似乎悟出了更深的東西。研讀《孫子兵法》，使吳起對兵法的研究更為深入，見識也更上層樓，這為他日後形成的兵法理論打下了良好的基礎。

在這期間，在魯穆公的相國公儀休的推薦下，吳起被魯穆公任命為大夫。

西元前 412 年，齊國和魯國的矛盾到了非得要以武力來解決的地步，齊國派軍隊攻打魯國。魯國國君魯穆公想起用吳起為將，抵抗齊國的進攻。當時，吳起已經成婚，妻子恰恰是齊國人。

魯穆公猶豫不決，他害怕吳起跟齊國聯合一起對付魯國。吳起知道後，他十分渴望得到這次可以使他成就功名的大好機會。他毅然拿起寶劍，親手殺了自己的妻子，可憐他的妻子成了他博取功名的墊腳石。

吳起殺了妻子後，找到魯穆公，表明了自己堅決為魯國戰鬥的立場和想法，他請求魯穆公任命他為將，領兵抗擊齊國軍隊。

魯穆公見他連結髮妻子都殺了，也就不好再說什麼，就任命他為將軍，率領魯國軍隊與齊國作戰。

吳起率領魯軍到達前線，沒有立即與齊軍開戰，表示願與齊軍談判，他先向齊軍「示之以弱」，將老弱之兵駐守中軍，造成一種沒有強兵的假象，用以麻痺齊軍，讓他們放鬆對自己的戒備。

在齊軍放鬆戒備的時候，吳起出其不意地率領魯軍中的精銳之師向齊軍發起猛攻。齊軍毫無防備，倉促應戰，被魯軍打得丟盔卸甲，潰不成軍。

雖然吳起率領魯軍取得了這次保國安民的勝利，本應該加官

進爵，但是一些嫉妒他的人在魯穆公面前說起的吳起的不是來。

吳起知道這些非議後，於當年就離開了魯國而投奔魏國。因為他聽說魏國的國君魏文侯是個賢明的君主，於是來到魏國，以求可以施展自己抱負的機會。

魏文侯知道吳起是個用兵的人才，就於西元前410年拜他為魏國的大將，統領魏軍。在魏文侯手下，吳起如魚得水，接連打了幾次大勝仗。最為著名的是他率兵連敗秦軍，奪取了秦國的五座城池。

西元前408年，魏文侯任命吳起為西河郡守，以抵禦秦、韓兩國的進攻。西河是魏國西部邊陲的軍事要地，與秦、韓兩國接壤，地處黃河之西，容易受到攻擊。

吳起一到任，就立即實行改革，整頓各級官吏，重用清廉正直之士。同時實施獎勵政策，獎勵開墾荒地，發展生產，充裕府庫。為鞏固邊防，還招募能征善戰之士進行訓練，組建了一支精銳善戰的軍隊。

在吳起的精心治理下，西河地區很快兵多糧足，防守固若金湯，銅牆鐵壁，吳起鎮守西河十幾年，大戰打了七十多次，取得全勝六十多次，剩下的戰鬥均取得平手。秦軍一直沒能東進一步。

在鎮守西河期間，吳起決定將他畢生所學的兵法整理出

來。經過記載刪減完善，吳起終於將這部兵書完成，這部兵書就叫《吳起兵法》，也叫《吳子》。

在書中，吳起將自己的軍事思想淋漓盡致地表現出來。《吳子》分為〈圖國〉、〈料敵〉、〈治兵〉、〈論將〉、〈應變〉、〈勵士〉6篇，近5,000字。

〈圖國〉篇主要論述了戰爭觀問題。它認為，戰爭起因於「爭名」、「爭利」、「積惡」、「內亂」和「因飢」。按照戰爭性質的不同，它認為可以用禮駕馭「義兵」，以謙遜駕馭「強兵」，以言辭駕馭「剛兵」，以謀詐駕馭「暴兵」，以權力、權變駕馭「逆兵」。

該篇指出，要取得戰爭的勝利，必須修行「道」、「義」、「禮」、「仁」，用禮教育人民，用義激勵人民，使人民有恥辱之心，並要親和百姓，加強戰備，選拔練卒銳士。

〈圖國〉篇發展了孫武「兵貴勝，不貴久」的思想，提出了取得勝利容易，保持勝利困難，多勝亡國，少勝方可得天下的觀點。

〈料敵〉篇主要講如何判斷敵情，因敵致勝的問題。它提出了透過觀察敵軍的外在表現以了解其內情，審察敵軍的虛實以攻擊其要害的原則。

〈治兵〉篇主要論述如何治軍，指出戰爭的勝負不是取決於

軍隊人數的多少,而是取決於軍隊的水準。

此外,該篇還指出,臨陣時還必須避免猶豫不決,優柔寡斷。平時必須重視軍事訓練等。

〈論將〉篇主要論述將帥的職務能力和對將帥素養的要求。該篇指出,將帥是全軍的統帥,必須剛柔兼備。勇敢並非決定某人能否擔任將帥的唯一標準,而只是將帥所應具備的品格之一。

〈應變〉篇闡述了在不同情況下的應變之術和作戰方法。分別論述了在各種具體情況下的不同作戰方法。另外,還對攻破敵國城邑後的行為準則,提出了自己的看法。

〈勵士〉篇主要講述如何激勵士氣。該篇認為,國君必須做到:發號施令而人人樂聞,興師動眾而人人樂戰,交兵接刃而人人樂死。而要實現上述目標,就應尊崇有功,論功行賞,優待戰死者的家屬,激勵無功者立功受獎。

《吳子》中的軍事理論有很大的借鑑價值,它提出以治為勝,賞罰嚴明,做到「令行禁止,嚴不可犯」。主張透過嚴格的軍事訓練,使士卒掌握各種作戰本領,提高整個軍隊的戰鬥力。

強調根據士卒體力、技能等條件的不同,合理分工和編組,實現軍隊的優化組合。要求統軍將領「總文武」、「兼剛柔」,強調戰鬥前一定要先弄清敵人的虛實,選擇好有利時機進攻,以奪取勝利。這些主張和要求反映了其「嚴明治軍、料敵用

兵、因敵而戰」的軍事思想。

《吳子》在歷史上與《孫子兵法》齊名，並稱為「孫吳兵法」，是中國古代軍事文化中的一份珍貴的遺產，它繼承和發展了《孫子兵法》的有關思想，該書所論及的一些軍事理論和方法，對戰國以後的歷代軍事家均有深遠的影響。有多種刊本流行，並流傳到了國外。

【旁注】

魯國：周朝的同姓諸侯國之一。姬姓。周武王滅商，建立周朝後，封其弟周公旦於少昊的虛曲阜，是為魯公。魯公之「公」並非爵位，而是諸侯在封國內的通稱。魯公即魯侯。周公旦不去赴任，留下來輔佐武王，武王死後輔佐周成王。其子伯禽，即位為魯公。魯國先後傳二十五世，經三十六位國君，歷史八百餘年。西元前256年，魯國被楚國滅亡。

卿相：就是卿和相的統稱，指某朝代的執政大臣、高官。卿是古時高級長官或爵位的稱謂，漢以前有六卿，漢設九卿，北魏在正卿下還有少卿。相也特指最高的官職。

相國：漢朝廷臣最高職務。戰國時代稱為「相邦」。漢高祖劉邦即位，為避諱改為相國。漢朝相國最初由蕭何擔任，蕭何死後，曹參繼任。後代對擔任宰相的官員，也敬稱相國。明清對於內閣大學士也雅稱相國。

大夫：古代官名。西周以後先秦諸侯國中，在國君之下有卿、大夫、士三級。大夫世襲，有封地。後世遂以大夫為一般任官職之稱。秦漢以後，中央要職有御史大夫，備顧問者有諫議大夫、中大夫、光祿大夫等。至唐宋尚有御史大夫及諫議大夫之官。清朝高級文職官階稱大夫，武職則稱將軍。

郡守：郡的行政長官，始置於戰國。戰國各國在邊地設郡，派官防守，官名為「守」。本是武職，後漸成為地方行政長官。秦國統一各國後，實行郡、縣兩級地方行政區劃制度，每郡置守，治理民政。

「仁」：中國古代一種含義極廣的道德範疇，本指人與人之間相互親愛。儒家創始人孔子把「仁」作為最高的道德原則、道德標準和道德境界。他第一個把整體的道德規範集於一體，形成了以「仁」為核心的倫理思想結構，對後世產生很大的影響。

刊本：刊印的版本。分四種：一以朝代分，有宋本、元本、明本等；二以刻板處所分，有殿本、監本、官署本、書院本、坊刻本等；三以形式分，有大字本、小字本、巾箱本等；四以內容分，有足本、選本、節本等。

【閱讀連結】

吳起善於治軍，且愛兵如子，據說，他與士兵同甘共苦，與士兵吃一樣的飯，穿一樣的衣服。睡覺不鋪陳席，走路不騎

馬坐轎，在行軍時，還親自攜帶乾糧，為士兵分擔勞苦。一次有個士兵長了膿瘡，吳起親自為他吸膿。

這個士兵的母親聽說後放聲大哭，旁邊的人都勸她說：「你的兒子是一個普通士卒，吳將軍這樣對待你的兒子，你還哭什麼？」這個士兵的母親回答說：「吳將軍過去用口吸過這孩子父親的瘡口，他父親在涇水之戰中勇猛衝殺，死於戰場；現在吳將軍又為我兒子吸膿，我兒子必然又會為他以死相報，我不知道這次兒子會死在哪裡，所以為他哭泣。」

縱橫之道：王詡隱世傳《鬼谷子》

春秋時期，在周王朝的陽城地界，有一個山谷，山深樹密，幽不可測，不是一般人所能居住的地方，所以叫「鬼谷」。

在這谷中居有一位隱者，自號「鬼谷子」，相傳他是晉平公時人，姓王名詡。他常入雲夢山採藥修道。

鬼谷子的師傅離世前，交給鬼谷子一卷竹簡，簡上書「天書」二字。鬼谷子打開一看，卻發現書裡從頭至尾竟無一字，鬼谷子不覺心中納悶。他苦思冥想了一會，也沒想出個結果來，他一時覺得無著無落，心中空蕩蕩的，無心茶飯，就鑽進自己的洞室倒頭便睡。

可偏偏睡不著，鬼谷子輾轉反側，老是想著那捲無字天書竹簡，直折騰到黑，那竹簡仍在眼前鋪開捲起，捲起鋪開。他索性爬起來，點了火把，藉著燈光再看這部「天書」。

這一看嚇得他跳了起來，竹簡上竟閃出道道金光，一行行蝌蚪文閃閃發光，鬼谷子嘆道：「莫非這就是世傳『金書』」。

鬼谷子頓時興致倍增，一口氣讀下去，從頭至尾背誦。原來上面記錄著一部縱橫家書，盡講些捭闔、反應、內揵、抵巇、飛鉗之術。全書共十三篇。

第一篇大意是說：與人辯論，要先抑制一下對方的勢頭，誘使對手反駁，以試探對方實力。有時也可以信口開河，以讓對方放鬆警惕，傾吐衷腸；有時專聽對方陳說，以考察其誠意。

第二篇大意是說：與人辯論，要運用反覆的手法。反反覆覆地試探，沒有摸不到的底細。要想聽到聲音就先沉默，要想張開，就先關閉；要想升高，就先下降；要想奪取，就先給予。

第三篇大意是說：要掌握進退的訣竅，這訣竅就是抓住君主的愛好，只要抓住了就可以隨心所欲，獨往獨來。如能順著君主的情緒去引導或提出建議，就能隨機應變，說服君主。

第四篇大意說：在辯論中要能利用別人的裂痕，同時，還要防止自己一方的裂痕。當裂痕小時要補住，大點時要切斷裂縫，當大到不可收拾時就乾脆將其打破，裂痕也就消滅了。

第五篇大意說：與人雄辯要設法鉤出對方的意圖，用飛揚之法套出對方的真話，再用鉗子鉗住，使其不得縮回，只好被牽著走。這樣就可縱可橫，可南可北，可東可西，可反可復。

第六篇大意說：要想說服他人，必先衡量一下自己的才能長短，比較優劣，自身才質不如他人，就不可能戰勝他人。

第七篇大意說：要遊說天下人君，必須會揣測諸侯真情，當人極度興奮時，就無法隱瞞真情，當人極度恐懼時也無法隱瞞真情。在這時才能有效地遊說和說服人。

第八篇大意說：善於揣摩他人意圖的人就像釣魚一樣不動聲色，讓魚自動上鉤，「摩」的目的就是刺激對方，讓他不由自主地上你的鉤。把事情辦成功，使人不知不覺。

第九篇大意說：要遊說人主，就要量天下之權，要比較各諸侯國的地形、謀略、財貨、賓客、天時、安危，才能去遊說。

第十篇大意說：要做大事，就要有一個嚮導，就像指南針一樣，遊說的嚮導是謀略，要先策劃好，再按照策劃的內容去遊說。

第十一篇大意說：遊說要先解疑，解疑的好辦法是讓對方道出實情。

第十二篇大意說：耳朵要善於聽，眼睛要善於看，用天下之耳聽，則無不聞；以天下之目看，則無不明；以天下之心慮，則無不知，只有對事情瞭如指掌，才能言無不驗，言無不聽。

第十三篇大意是：遊說要靠巧辭，要對什麼人說什麼話，說什麼話就要採用什麼辦法和說辭。不要簡單直言，要研究講話的對象，講究講話的技巧。

讀完這十三篇，鬼谷子不禁拍案叫絕。他不禁想起與師父一起生活學習的時光，想著想著，不覺一陣心酸，不知過了多久，鬼谷子又鑽進被窩睡去。

第二天太陽升起之後，鬼谷子才忽然醒來。他又把金書打

開來看，不料書中又一字皆無。鬼谷子又苦思冥想起來，不覺日落偏西，黑夜又至。鬼谷子又發現金書閃著金光，字跡依稀可見。

鬼谷子越發感到奇怪了，仔細查看之後，才明白，原來月光從天窗射進來照在金書上，金書屬陰性，見日則不顯，在月光，燈光下才顯其縷縷金文。

怎麼換了文章，昨天讀的是縱橫之言，如今怎麼成了兵法？鬼谷子把竹簡細細翻一遍，還是兵法，他一口氣讀下去，書還是分為十三篇。

第一篇大意說：縱橫捭闔乃萬物之先，是治世安民的前提，一統天下，用兵不是良策，應盡量避免戰爭。不透過戰爭而使人屈服才是最高明的。

第二篇大意是說：軍機大事在知己知彼，要有致勝之謀。掌握敵情要快、要全，暴露給敵人的要少、要慢，陰謀與陽謀，方略與圓略，要交替運用，不可固守一端。謀略要根據形勢變化，不給予人可乘之機。

第三篇大意說：君臣上下之事，有親有疏，有遠有近，君臣之間遠遠聽到聲音就思念，那是因為計謀相同，等待他來決策大事。在這種情況下君主要重用，將帥就要出仕，建功立業。

第四篇大意說：合久必分，分久必合，這是自然的。聖明

君主見到世事有了裂痕，就要設法去彌補。

第五篇大意說：凡要決定遠近征伐，就要權衡力量優劣。要考慮敵我雙方的財力、外交、環境、上下關係，那些有隱患的便可征服。征服的上策，是靠實力去威懾。

第六篇大意說：各國之間或聯合，或對抗，要成就大業，需有全面計謀。要正確確立聯合誰，打擊誰，關鍵在於自己要有才能智慧，比較雙方長短遠近，才能可進、可退、可縱、可橫，將兵法運用自如。

第七篇大意說：要策劃國家大事，就必須會揣測他國的想法，揣測是計謀的根本。

第八篇大意說：主持練兵，使軍隊能打勝仗而士兵又沒畏懼感，使軍隊常在不動兵器、不花費錢物的情況下就能取得勝利，這才算「神明」。而要做到這一點，關鍵在於謀略，而謀略是否成功，關鍵又在於周密。

第九篇大意說：善於爭霸天下的人，必須權衡天下各方的力量，要度量各國的土地人口、財富、地形、謀略、團結、外交、天時、人才、民心等國事，才能做出重大決策。

第十篇大意說：凡兵謀都有一定規律。事生謀，謀生計，計生議，議生說，說生進，進生退，退生制。計謀之用，公不如私，私不如法，正不如奇，奇流而不止。

第十一篇大意說：凡是要做出決斷，都是因為有所疑惑，在一般情況下是可以透過分析來決斷的。而軍中大事，各方面頭緒十分複雜，難於決斷時，可以用占筮的方法決斷大事。

第十二篇大意說：在用兵將之時要賞罰嚴明，用賞最重要的是公正。賞罰嚴明才能無往不勝。

第十三篇大意說：舉事欲成乃人之常情，為此，有智慧的人不用自己的短處，而寧可用愚人的長處，不用自己笨拙的方面，而寧用愚人所擅長之處，只有這樣才不會窮困。

鬼谷子反覆地讀金書，日夜揣摩金書所含的義理，也不知道過了多少時日，最後他根據金書的內容，再根據自己的參悟體會，寫出了《鬼谷子》及《本經陰符七術》兩書。

《鬼谷子》共有14篇，分上中下3卷：上卷以權謀策略為主，包括〈捭闔〉、〈反應〉、〈內揵〉、〈抵巇〉四篇；中卷以言辯遊說為重點，包括〈飛箝〉、〈忤合〉、〈揣〉篇、〈摩〉篇、〈謀〉篇、〈決〉篇、〈符言〉、〈轉丸〉、〈胠亂〉10篇，其中〈轉丸〉、〈胠亂〉後世失傳；下卷以修身養性、內心修煉為核心，包括本經〈陰符七術〉、〈持樞〉、〈中經〉3篇。

《鬼谷子》立論高深幽玄，文字奇古神祕，代表了戰國遊說之士的理論、策略和手段，是縱橫捭闔術的經驗總結，其中涉及大量的謀略問題，與軍事問題觸類旁通。

《鬼谷子》講述了作為弱者一無所有的縱橫家們，運用智謀和口才如何進行遊說，進而控制作為強者、握有一國政治、經濟、軍事大權的君主。其精髓與《孫子兵法》中所說的「知己知彼，勝乃不殆；知無知地，勝乃不窮」有相同的含義。

《鬼谷子》靈活運用古老的陰陽學說，解釋並駕馭戰國時代激烈的社會矛盾，制定出一整套了解社會並干涉社會的計謀權術，建構了縱橫遊說之術的系統理論。

縱橫遊說之說培養了蘇秦、張儀等傑出的遊說之士，這些傑出的遊說之士在舞臺上演出了「合縱」、「連橫」的一幕幕風雲變幻的戲劇性場面。

這部奇書非常看重謀略，但更看重人。有了奇謀並不等於成功，因為奇謀需要有人去完成，去實施。有的人會用謀，而有的人卻不會用謀。會用謀者圓滿成功，不會用謀者不免失敗，甚至會丟掉生命。

《鬼谷子》一書充滿了功利主義思想，它認為為了達到自己的目的，一切自認為最合理的手段都可以運用。

《鬼谷子》一書可以說是謀略的集大成者，自誕生以來，影響深遠，秦漢以來凡涉足縱橫、計謀家者，在進行相關活動時其所採用的手段、方法，無不帶有《鬼谷子》的痕跡，打有鬼谷子的烙印。

它所揭示的智謀權術的各類表現形式，被廣泛運用於內政、外交、戰爭、經貿及公關等領域，其思想深受世人重視，並享譽海內外。

【旁注】

竹簡：戰國至魏晉時代的書寫材料。是削製成的狹長竹片、木片，竹片稱「簡」，木片稱「札」或「牘」，統稱為「簡」，現在一般說竹簡。均用毛筆墨書。由於其材料的侷限，難以廣泛的傳播，這極大地限制了文化和思想的傳播，這一切直至竹簡的出現才得改變。

縱橫家：戰國時期一批從事政治活動的謀士，以審察時勢、陳明利害的方法，以「合縱」、「連橫」的主張，遊說列國君主，對當時的形勢產生一定的影響，這些人被稱為縱橫家，當時謀士一般分屬合縱、連橫兩派，其代表人物為蘇秦、張儀。

諸侯：中國周朝時期實行分封制，周王朝的最高統治者將封地稱為諸侯國，也稱為「諸侯列國」、「列國」。那些封地的君主被賜與「諸侯」的封號。諸侯是封地的最高統治者，在自己的封地內擁有生殺大權。

指南針：一種判別方位的簡單儀器，又稱指北針。指南針的主要組成部分是一根裝在軸上可以自由轉動的磁針，磁針在地磁場作用下，磁針的北極指向地理的北極，利用這一效能可以辨別

方向。指南針常用於航海、大地測量、旅行及軍事等方面。

金文：鑄刻在殷周青銅器上的銘文，也叫鐘鼎文。商周時期青銅器的禮器以鼎為代表，樂器以鍾為代表，「鐘鼎」是青銅器的代名詞。所謂青銅，就是銅和錫的合金。因為周以前把銅也叫金，所以銅器上的銘文就叫做「金文」或「吉金文字」；又因為這類銅器以鐘鼎上的字數最多，所以又叫做「鐘鼎文」。

《本經陰符七術》：鬼谷子的一部著作。「本」，是根本的意思；「本經」，主要討論精神修養；「陰符」，強調謀略的隱蔽性與變化莫測。《本經陰符七術》主要論述養神蓄銳之道，前三篇說明如何充實意志、涵養精神。後四篇討論如何將內在的精神運用於外，如何以內在的心神去處理外在的事物。

陰陽學說：即陰陽五行學說，中國古代樸素的辯證唯物的哲學思想，是以自然界運動變化的現象和規律來探討人體的生理功能和病理的變化，從而說明人體的機能活動、組織結構及其相互關係的學說。陰陽學說認為世上任何事物均可以用陰陽來劃分，凡是運動著的、外向的、上升的、明亮的都屬於陽；相對靜止的、內守的、下降的、晦暗的都屬於陰。

【閱讀連結】

相傳，鬼谷子本是道教的洞府真仙，位居第四座左位第十三人，被尊為玄微真人，又號玄微子。洞府就是洞天，是神仙住

的名山聖境,又稱洞天福地。傳說有「十大洞天」、「三十六小洞天」和「七十二福地」。真仙又稱真人,只有得道成仙後方可稱為真人。

　　玄微真人鬼谷子住在鬼谷洞天,是為了在凡間度幾位仙人去洞天福地。他本想度他的四個弟子蘇秦、張儀、孫臏、龐涓成仙,但是無奈蘇秦、張儀、孫臏、龐涓四人皆塵緣未盡,凡心未了。鬼谷子只好在暗中關注弟子,不時助正抑邪。相傳鬼谷子神通廣大,有隱形藏體之術,混天移地之法;會投胎換骨、超脫生死;撒豆為兵、斬草為馬;揣情摩意、縱橫捭闔之術等等。

智勝千里：《孫臏兵法》的戰場奇謀

　　春秋末期時，孫武受到吳王闔廬的重用，參與制定了「疲越誤越」的對越國策略，指揮吳軍打敗越國軍隊，之後，孫武歸隱山林，過起與世隔絕的隱居生活。

　　君子報仇，十年不晚，孫武歸隱山林之後，慘敗的越國國君勾踐立志復仇，他臥薪嘗膽，暗中發展復仇力量，吳王夫差被矇在鼓裡，馬放南山，貪圖享樂，不思進取，終於被越國所擊敗，亡了國。

　　在這期間，孫武的一些後人又返回到齊國。孫武有三個兒子：孫馳、孫明和孫敵。其中次子孫明有兒子孫順，孫順又有兒子孫機，孫機又有兒子孫操，孫操又有了兒子叫孫臏。

　　那個時候，社會動盪不安，諸侯國之間戰爭不斷，孫家顛沛流離，幾經遷徙，最後來到齊國邊境一帶。孫臏出生時，孫家正處於這樣衰落的境地。

　　孫臏從小受到父親孫操和伯父們的言傳身教，對軍事產生了極大的興趣，再加上他飽受戰亂之苦，深深感到，殘酷的戰爭與國家的安危、人民的生活、個人的命運息息相關，他立志繼承祖業，研習兵學，做一個縱橫馳騁於疆場的英雄，實現天

謀定後動─兵法智慧

下的和平與安寧。

定下目標後，孫臏開始學習「六藝」，即禮、樂、射、御、書、數，其中他對「射」、「御」兩項尤其感興趣，從此後，不管颱風下雨，也不管天寒地凍，孫臏都毫不懈怠，堅持學習，堅持鍛鍊。

在苦練「六藝」的同時，孫臏意識到要實現自己的遠大理想，還要認真學習軍事典籍，從前人的智慧中汲取營養，學習經驗。孫家是兵學世家，家中保留了很多兵書戰策，孫臏如飢似渴地研習這些兵書戰策。

他精讀了《太公兵法》、《管子》、《孫武兵法》等兵書，將其中有用的知識熟記在心。孫臏本來就十分聰慧，再加上如此用心和努力，很快打下了堅實的軍事理論基礎。

猶如一塊吸水的海綿，孫臏感到還沒有「吸」到足夠的知識，他決定走出家門，到外面廣闊的世界闖蕩一番，從而可以拜訪各路高人，匯通各家學說，使自己的兵學造詣更上一層樓。

孫臏打聽到魏國有一位號稱「鬼谷子」的兵學大師，此人是當世高人，有著經天緯地之才，有著非同一般的才能。孫臏打聽清楚後，立即告別親友，踏上了遠遊投師之路。

鬼谷子是一位富有傳奇的人物，是縱橫家的開山鼻祖，他隱居於一個叫做「鬼谷」的地方教授門徒。

孫臏離開家鄉後，不顧路途勞頓，日夜兼程，很快就進入魏國國境，來到鬼谷山下。鬼谷山面對一條清溪，背靠高峰，景色幽麗。

按照禮節，孫臏拜見了鬼谷子先生。鬼谷子知道了孫臏是孫武的後代後，半瞇著眼睛仔細端詳了一下孫臏，滿面笑容地對孫臏說：

「原來你是孫武的後人，現在兵聖的後人也立志學習研究兵法，很好，兵聖後繼有人了，我收下了你這個徒弟，以後我們可以一起研究切磋兵學。」

鬼谷子知道孫臏在兵學方面已經有了一定根底，於是採取教學相長的辦法，先讓孫臏對以前學過的兵法，如《神農兵法》、《黃帝兵法》、《太公兵法》、《軍志》、《軍政》、《司馬法》、《管子》等加以溫習領悟。

在此基礎上，鬼谷子重點向孫臏傳授孫武的兵法十三篇，兩人一起體悟，一起交流心得。同時，鬼谷子教孫臏戰陣之道，講解五陣、八陣等排兵布陣的方法和道理。

此外，鬼谷子還向孫臏傳授了縱橫之學，這門學問講的是如何權謀奇變、揣摩變詐、縱橫捭闔之術。縱橫之學與兵學有著很深的內在淵源。

經過鬼谷子幾年的悉心教導，孫臏的知識更上了一層樓，

他對軍事、兵學精義的理解和掌握更加得心應手,兵法知識都爛熟於心了。

孫臏在跟隨鬼谷子學習兵法知識時,有一位同窗叫龐涓,龐涓來自魏國。孫臏和龐涓一起研讀兵法,討論切磋,互相啟發,結下了同窗之誼。

一天,龐涓突然向鬼谷子、孫臏告辭,說要下山去,因為自己的國家魏國正需要人才,魏惠王正在招賢納士,自己應該為國家的強盛貢獻聰明才智。

下山後,龐涓來到魏國的國都大梁求見魏惠王。魏惠王聽說鬼谷子的高足來投奔,不僅喜出望外,馬上接見了龐涓,並很快任命龐涓為魏國的大將軍,統領魏國軍隊。

龐涓當上了大將軍後,練兵有方,指揮有道,率兵出征擊敗了衛、宋等國,一時間,成為魏國的頭號軍事人物,名滿中原。

龐涓寫了一封邀請信給孫臏,要孫臏下山擔任魏國將軍,為魏國服務。孫臏沒有多想,遂辭別恩師,來到了大梁。

沒想到居心叵測的龐涓根本沒有想把孫臏推薦給魏惠王的意思,原來他嫉妒孫臏的才能高過自己,他內心的想法是把孫臏騙到魏國,想辦法讓孫臏臣服,好除去自己的心頭之患。

孫臏一到大梁就被龐涓軟禁起來。一天龐涓派人宣布孫臏犯有私通齊國之罪,對其施行「臏刑」,古代肉刑之一,即剔去

膝蓋骨的刑罰，使人無法行走。並在臉上刺字塗墨，使孫臏成為受人鄙視的「刑徒」。

孫臏忍辱負重，借齊國使者的幫助瞞過龐涓等人的耳目，逃回齊國。齊威王與孫臏討論兵法，見孫臏兵法嫻熟，見解高深，便任命孫臏為齊國軍師。

西元前354年，龐涓率領8萬魏軍圍攻趙國都城邯鄲。趙國請齊國救援。齊威王以大將軍田忌為主將，孫臏為軍師，統兵8萬前往救趙。孫臏向田忌建議：魏軍長期圍攻趙國，主力消耗在外，魏都大梁沒有精銳部隊，如果出兵大梁，趙國之危可解。

田忌採納了孫臏的計策，出兵大梁，龐涓聞報，指揮魏軍回救大梁。在主力先期到達桂陵時，遭到了齊軍的截擊而大敗。

西元前343年，魏軍進攻韓國，韓國向齊國求救。這次，齊威王又派田忌為主將，孫臏為軍師出兵援救韓國。魏惠王派太子申為上將，龐涓為將軍，率兵10萬迎擊齊軍。

孫臏利用魏軍輕視齊軍和龐涓急切求勝的心理，故意避戰示弱，逐日減少飯灶，示假隱真，引龐涓率兵進入道狹地險的馬陵道，而孫臏事先帶領齊軍已經做好伏擊。

龐涓中計，齊軍萬箭齊發，魏軍死傷無數，龐涓見大勢已去，羞憤難堪，拔劍自刎。齊軍乘勝猛攻，俘獲了魏軍上將太子

申,全殲了魏軍。

馬陵道大捷後,齊國名聲大振,田忌功高蓋主,受到了齊威王的猜忌,他解除了田忌大將軍的職務。田忌率領少數親信,越過齊國邊境,逃難到了楚國。跟隨田忌多年,與之關係密切的孫臏也從此悄然隱退。

隱退後的孫臏對官場失去了興趣,從此他把心思都用在了對兵學的研究上,他靜下心來著述兵書,把自己對兵學的思考總結一下,又將早年所學的兵法知識和自己的作戰經驗融入進去,最終完成了著作《孫臏兵法》。

《孫臏兵法》共十六篇,它繼承了《孫子兵法》等書的軍事思想,總結了戰國中期及其以前的戰爭經驗,在戰爭觀、軍隊建設和作戰指導上都提出了若干有價值的觀點和原則。

它強調了戰爭的重要性,明確主張「戰勝而強立,故天下服矣」,否則就會「削地而危社稷」。它用歷史經驗說明,用戰爭解決問題,這是符合當時七雄並立,全國漸趨統一的客觀需求。

在軍隊建設上,它認為首要的問題是「富國」,只有「富國」才是「強兵」之急。關於強兵,它重視訓練、法制和將帥條件。提出「兵之勝在於篡(選)卒,其勇在於制」,即士兵要嚴格挑選,嚴格訓練,有良好的組織編制,做到賞罰嚴明。

強調將帥不但要具備德、信、忠、敬等品格,還要善於掌

握「破強敵，取猛將」的用兵之道。軍事訓練和戰爭中要重視人的作用，認為「間於天地之間，莫貴於人」。

在作戰指導上，強調要「知道」，所謂「知道」，就是「上知天之道，下知地之理，內得其民之心，外知敵之情，陣則知八陣之經。」

孫臏還概括出一套使用八陣作戰的理論，「用陣三分，每陣有鋒，每鋒有後，皆待令而動。鬥一守二，以一侵敵，以二收」。

這就是說，用八陣作戰，可以把兵力分為主力、先鋒、後續部隊三支。作戰時只以三分之一的兵力接敵，而以其他三分之二作為機動兵力蓄勁待敵。如果敵人弱而亂，就用精銳的部隊擊潰它；如果敵人強而嚴整，就用老弱士卒去引誘它，待它兵力分散以後，再行進攻。

強調創造有利的作戰環境，未戰之前要「事備而後動」，意思是準備好了再打。既戰之後要靈活用兵；己強敵弱時要「贊師」，就是要示弱以誘敵出戰；敵強己弱時要「讓威」，即先退一步，後發制人；勢均力敵時要調動、分散敵人，然後集中兵力，「並卒而擊之」等等。

它還要求善於「料敵計險」，即利用地形，做到「居生擊死」，讓自己居於有利的「生地」，逼敵處於不利的「死地」，並要求根據地形情況和車、騎、步特點，掌握戰爭的主動權。

謀定後動─兵法智慧

《孫臏兵法》具有獨特的價值，無論是在廣度還是在深度上，對《孫子兵法》和《吳子》都有極大地豐富和發展，二者前後相繼，相映成輝。人們將其提出的一些兵學範疇作為重要命題加以探討，並以其提出的用兵原則指導戰爭實踐。

另一方面，軍事理論家和統兵將領從其「圍魏救趙」、「減灶誘敵」的戰爭實踐中學到無窮的智慧，這種靈活機動的策略戰術成為中國軍事史上的典範。

【旁注】

勾踐：春秋末年越國國君，姓姒，氏越，名勾踐，又名菼執，夏禹後裔，越王允常之子，西元前496年即位，曾敗於吳國，被迫投降，並隨吳王夫差至吳國，侍奉吳王，後被放歸返國，臥薪嘗膽，重用范蠡、文種，使越之國力漸漸恢復起來。西元前482年，勾踐率軍攻打吳國，迫使吳王夫差自盡，勾踐成為春秋最後一位霸主。

六藝：古代儒家要求學生掌握的六種基本才能：禮、樂、射、御、書、數。其中禮指禮節。樂指音樂。射指射箭技術。御：駕駛馬車的技術。書指文學和書法。數指算術和數論知識。此外，還有一種說法，六藝即六經，謂《易》、《書》、《詩》、《禮》、《樂》、《春秋》。

《管子》：記錄春秋時期齊國政治家、思想家管仲及管仲學

派的言行事蹟的書籍。大約成書於戰國時代至秦漢時期。《管子》共86篇，其中10篇僅存目錄，其餘76篇分為8類。內容比較龐雜，涉及政治、經濟、法律、軍事、哲學、倫理道德等各個方面。

神農：又稱「神農氏」，華夏太古三皇之一，有文字記載的出現時代在戰國以後。被世人尊稱為「藥王」、「五穀王」、「五穀先帝」、「神農大帝」等。傳說神農是農業和醫藥的發明者，他教人醫療與農耕，被醫館、藥行視為守護神。

鬼谷子：鬼谷子姓王名詡，又名王禪，號玄微子。漢族，戰國時期衛國鄴城人。常入雲夢山採藥修道。因隱居周陽城清溪的鬼谷山，故自稱鬼谷先生。鬼谷子為縱橫家鼻祖，據說有通天徹地之能，精通多家學問，是中國歷史上一位極具神祕色彩的人物，被譽為千古奇人。

田忌：媯姓，田氏，亦作陳氏，名忌，字期，又曰期思，又稱徐州子期。戰國時期齊國名將。西元前340年，孫臏逃亡到齊國時，田忌賞識孫臏的才能，將其收為門客。之後，兩人相互配合，以「圍魏救趙」和用「減灶之計」打敗魏軍，為齊國建立功勳。

七雄：指戰國七雄，戰國處於西元前475年到前221年間，是中國歷史上一個動盪時期。各諸侯國之間的戰爭接連不斷，社會呈現天下大亂的形勢。這期間，北起長城，南達長江流

域，先後出現齊、楚、燕、韓、趙、魏、秦七個大國。這七個大國就被稱為「戰國七雄」。

八陣：指中國古代的一種軍事陣法，目前主要存在有兩種解釋，一種是指八種陣形變化，一種是指九軍八陣法。三國時代著名的軍事家諸葛亮曾經推演八陣圖，並留下部分內容及三處石陣遺跡，後來唐宋的兵家在復原推演八陣時，多採用諸葛亮的遺法。

【閱讀連結】

孫臏受到齊威王的重用與齊國大將軍田忌有很大的關係。齊國使者到大梁來，孫臏以刑徒的身分祕密拜見，勸說齊國使者。齊國使者覺得此人是個奇人，就偷偷地把他載回齊國。齊國將軍田忌非常賞識孫臏，並待如上賓。

田忌經常與齊國眾公子賽馬，設重金賭注。孫臏發現他們的馬腳力都差不多，馬分為上、中、下三等，於是對田忌說：「您只管下大賭注，我能讓您取勝。」田忌相信並答應了他，與齊王和諸公子用千金來賭注。比賽即將開始，孫臏說：「現在用您的下等馬對付他們的上等馬，拿您的上等馬對付他們的中等馬，拿您的中等馬對付他們的下等馬。」已經比了三場比賽，田忌一場敗而兩場勝，最終贏得齊王的千金賭注。於是田忌把孫臏推薦給了齊威王。

秦國利器：尉繚《尉繚子》助力強秦

戰國時期，魏國大梁有一個名叫尉繚的人很有思想見地。尉繚早年跟隨一個當時的名士學習，深得改革變法之道。此外，尉繚對軍事有很深的研究。他讀了很多兵書，對其中的精義理解透澈。

戰國後期，諸侯國之間的爭鬥越發激烈。各國一方面對外用兵，擴充自己的勢力。一方面在國內圍繞著富國強兵之道，紛紛招賢納士，以圖立於不敗之地。

魏國在西元前334年開始招賢納士，鄒衍、淳于髡、孟軻等當時的名士都來到大梁，尉繚也在這時候來到大梁並見到了梁惠王。

素有大志的尉繚一次與梁惠王探討用兵取勝之道。尉繚認為用兵之道在於「號令明，法制審」，「兵以靜勝，國以專勝」，用兵的目的在於「誅暴亂，禁不義」。

這些用兵之道沒有得到梁惠王的認可。尉繚不僅熟悉魏國的國情，而且處處為振興魏國著想，表現了他熱愛故土的深情，以及對秦兵壓境的憂慮。

尉繚對軍事家吳起無限欽佩。他讚賞吳起執法嚴明，重視

謀定後動—兵法智慧

士兵在戰爭中的重要性,具有其重民及重視人的正面意義,他希望魏國能有像吳起這樣的軍事首領。

天不遂人願,尉繚眼見難以在魏國施展自己的才華,他聽說秦王嬴政是個可以共圖大事的賢明君主,於是決定前往秦國。

西元前237年,尉繚來到了秦國,此時秦王政已親秉朝綱,國內形勢穩定,秦王正準備全力以赴開展對東方六國的最後一擊。

當時秦國實力已經非昔日可比,以己之力,秦國完全可以消滅六國中的任何一個國,但是如果六國要是聯合起來共同對抗,情況就難以預料了。所以擺在秦王嬴政面前的棘手問題是,如何能使六國不再「合縱」,讓秦軍以千鈞之勢,迅速制伏六國,統一天下,避免過多的糾纏,消耗國力。

按照秦國以前慣用的方法是採用離間之計離間六國,其實,那個時候,秦國的丞相李斯等人正在從事著這項工作,但是採用什麼方法更為有利,則仍是一個很棘手的問題。

消滅六國,統一中國,是歷史上從未有人做過的事情,年輕的秦王嬴政深知這一點,他不想打無準備之仗。

另外,當時秦國還有一個非常嚴峻的問題,那就是秦國雖然戰將如雲,猛士遍野,而真正諳熟軍事理論的軍事家卻沒有。靠誰去指揮這些只善於拚殺的將士呢?如何在策略上掌握

全域性，制定出整體的進攻計畫呢？

秦王嬴政對此十分煩惱，他自己出身於王室，雖工於心計，講求政治謀略，但沒有打過仗，缺乏帶兵的經驗。李斯等文臣也是主意多，做的少，真要上戰場，真刀真槍地搏殺，恐怕就無用武之地了。

就在這個時候，尉繚來了，他來的真是時候，他恰好具備秦王期望的軍事家的各項特質，真是冥冥之中，必有天意。老天似乎想幫助秦王圓了這個統一大業的夢。

尉繚一到秦國，就向秦王獻上一計，他說：「以秦國的強大，諸侯好比是郡縣之君，我所擔心的就是諸侯『合縱』，他們聯合起來出其不意，希望大王不要愛惜財物，用它們去賄賂各國的權臣，以擾亂他們的謀略，這樣不過損失些錢財，而諸侯則可以盡數消滅了。」

這一番話正好說到秦王最關心的問題上，秦王覺得此人不一般，正是自己千方百計尋求的人，於是對他言聽計從。不僅如此，為了顯示恩寵，秦王還讓尉繚享受與自己一樣的衣服飲食，每次見到他，總是表現得很謙卑。

相傳，尉繚懂得面相占卜，他看過秦王面相後，認定秦王的面相剛烈，有求於人時可以虛心誠懇，一但被冒犯時卻會變得極其殘暴，對臣屬也會毫不手軟。

謀定後動—兵法智慧

另外，經過與秦王嬴政一段時間的接觸，尉繚得出了秦王「缺少恩德，心似虎狼；在困境中可以謙卑待人，得志於天下以後就會輕易吞食人」，「假使秦王得志於天下，那麼天下之人都會變成他的奴婢，絕不可與他相處過久」的結論。

尉繚決定不為其服務，萌生了逃離之心。他多次嘗試逃離秦王為他安排的住處，但都被秦王發現，將其追回。

尉繚剛入秦時，與秦國將軍蒙恬偶遇，蒙恬為之親自牽馬，請回府中。蒙恬曾請尉繚繼續著書，尉繚斷然回絕，並打算離開蒙府，在蒙恬的苦苦央求下才留下。秦王嬴政多次求教，尉繚也不再獻計獻策。

國家正在用人之際，像尉繚這樣的軍事家怎麼能讓他走？秦嬴政決定用盡辦法讓其為己服務。秦王嬴政發揮他愛才、識才和善於用才的特長，想方設法將尉繚留住，他將尉繚提升到國尉的高位之上，讓他掌管全國的軍隊，主持全面軍事。

尉繚也不好意思再逃離了，只好死心塌地地為秦王出謀劃策，為秦的統一貢獻。尉繚的到來，使秦國文臣武將一應俱全，秦王嬴政又是一位年輕力壯、極具進取心的國君，這樣秦國統一中國已經是大勢所趨，歷史的必然了。

尉繚在西入秦國前，就想根據自己研讀多年兵法的心得，撰寫一部兵書。在魏國逗留期間，尉繚就開始了撰述《尉繚子》一書，是以他與梁惠王晤談軍事學的形式撰寫的。

由於不能專心著述，尉繚只能利用空閒時間斷斷續續地寫。在入秦後，尉繚根據形勢需求，修改了此書，最終使這部兵書完善起來，這就是《尉繚子》。

《尉繚子》共分為五卷，二十四篇。尉繚將自己的軍事思想完整地反映這部兵書《尉繚子》之中。

卷一包括〈天官〉、〈兵談〉、〈制談〉、〈策略〉、〈攻權〉5篇，主要論述政治、經濟和軍事的關係，攻城與作戰的原則，主張行事不應依靠迷信鬼神，而應依賴人的智慧。

卷二包括〈守議〉、〈十二陵〉、〈武議〉、〈將理〉、〈原官〉5篇，主要論述戰爭的性質、作用和守城的原則。

卷三包括〈治本〉、〈戰權〉、〈重刑令〉、〈伍制令〉、〈分塞令〉5篇，主要講述用兵的原則、軍隊的紀律和獎懲制度。

卷四包括〈束伍令〉、〈經卒令〉、〈勒卒令〉、〈將令〉、〈踵軍令〉5篇，主要敘述戰場法紀、部隊的編組、標示和指揮暗號，以及行軍排列。

卷五包括〈兵教上〉、〈兵教下〉、〈兵令上〉、〈兵令下〉4篇，主要論述軍隊的訓練和取勝之道。

在《尉繚子》中，尉繚提出為了保證戰爭的勝利，必須加強治軍的手段，制定、頒發嚴格的軍紀、軍規，使所有軍官、士兵都知曉，一旦觸犯將處以重刑。尉繚這些措施與秦王嬴政一

貫推崇的法家思想是不謀而合的。

尉繚認為戰爭有三種勝利：不戰服人的「道勝」，威懾屈人的「威勝」，戰場交鋒的「力勝」。其中不戰服人的「道勝」和威懾屈人的「威勝」為戰爭的取勝最佳方式。

在具體的戰術上，尉繚還實踐了當時最先進的方法，如在列陣方面，他提出：士卒「有內向，有外向；有立陣，有坐陣」。這樣的陣法，錯落有致，便於指揮。

尉繚對戰爭的具體行為有他自己的看法，他認為：軍隊不應進攻無過之城，不能殺戮無罪之人。凡是殺害他人父兄，搶奪他人財物，將他人子女掠為奴僕的，都是大盜的行徑。

尉繚希望戰爭對社會造成的危害越小越好，甚至提出：軍隊所過之處。農民不離其田業，商賈不離其店鋪，官吏不離其府衙。另外他還希望靠道義，即正義戰爭，靠民氣，即人心的向背來取得戰爭的勝利。

《尉繚子》所談的策略、戰術問題沒有《孫子兵法》、《吳子兵法》深刻，但在一系列問題上有著自己的見解。如，它提出了以經濟為基礎的戰爭觀，〈治本篇〉中說，治國的根本在於耕織：「非五穀無以充腹，非絲麻無以蓋形」。

《尉繚子》提出了一些有價值的策略戰術思想，如戰爭「專一則勝，離散則敗」，意思是戰爭要主張集中優勢兵力，待機而

秦國利器：尉繚《尉繚子》助力強秦

動。主張在戰爭中運用權謀，說：「權先加人者，敵不力交。」還主張在軍中實行各種保密符牌和軍情文書制度等等。

尤其值得提出的是，尉繚結合戰國圍城戰的實踐，提出了一整套攻、守城邑的謀略。主張攻城要有必勝把握，「戰不必勝，不可言戰；攻不必拔，不可以言攻」。最後深入敵境，出敵不意，切斷敵糧道，孤立敵城邑，乘虛去攻克。

《尉繚子》是一部具有重要軍事學術價值和史料價值的兵書，其中摻雜著法家、儒家、墨家、道家等學派思想，在先秦兵書中獨具一格，對後世有深遠影響，受到歷代統治者和兵家的重視。

唐朝丞相魏徵將其收進用於經邦治國的《群書治要》之中，宋代時《尉繚子》被官定為武學經書，後世兵家多有引述。

【旁注】

鄒衍（西元前 324 年～前 250 年）：戰國時期陰陽家學派創始者與代表人物，五行學說的創始人，齊國人。主要學說是五行學說、「五德終始說」和「大九州說」，因他能「盡言天事」，當時人們稱他「談天衍」，又稱鄒子。

孟軻（西元前 372 年～前 289 年）：即孟子，名軻，字子輿。漢族，東周鄒國人，東周戰國時期偉大的思想家、教育家、政治家、文學家，儒家的主要代表之一。孟子在政治上主張「法先王」、行仁政；在學說上推崇孔子，有「亞聖」之稱，代表作品

為《孟子》。

「合縱」：戰國時期，趙、韓、齊等六國諸侯實行縱向聯合，一起對抗強大的秦國的政策。當時，秦國在西方，趙、韓、齊等六國土地南北相連，六國聯合故稱合縱。合縱的實質是戰國時期的各大國為擴大實力而聯合進行的外交、軍事鬥爭，其目的在於聯合許多弱國抵抗一個強國，以防止強國的兼併。

李斯：李氏，名斯，字通古，戰國末期楚國上蔡人，秦代著名的政治家、文學家和書法家，也是秦王嬴政時的丞相。李斯輔佐秦王完成了統一六國的霸業。他的政治主張的實施對中國和世界產生了深遠的影響，奠定了中國兩千多年政治制度的基本格局。

占卜：古代人們藉助龜殼、銅錢、竹籤等物品來推斷未來吉凶禍福的一種手法。由於古代原始民族對於事物的發展缺乏足夠的了解，因而藉助自然界的徵兆來指示行動。但自然徵兆並不常見，必須以人為的方式加以驗證，占卜的方法便隨之產生了。

梁惠王：即魏惠王，後稱梁惠王，姬姓，名罃，魏武侯之子。魏國第3代國君。西元前369～前319年在位，在位約50年。魏惠王即位時魏國是鼎盛時期，但在之後的戰爭中，大敗於齊國，開始衰弱。

法家：通常是指春秋戰國時期的法家學派。法家思想是從

早期儒學家荀子基於性惡說的禮治論發展而來的，著名的李斯與韓非子都是荀子的弟子，他們將以禮治國的學說向前邁了一步，提出了以法治國。另外，法家在古時候是指明法度的大臣。還有，法家在古代與「方家」同義，都是指對書法家、畫家等的尊稱。

墨家：戰國時期主要哲學派別之一，與儒家、道家等學派形成了諸子百家爭鳴的繁榮局面。墨家約產生於戰國時期。創始人為墨翟。墨家學派有前後期之分，前期思想主要涉及社會政治、倫理及認識論問題；後期墨家在邏輯學方面有重要貢獻。主張人與人平等相愛，反對侵略戰爭。重視文化傳承，掌握自然規律等。

【閱讀連結】

對於《尉繚子》，有各種不同的說法。第一種意見原先認為《尉繚子》是一部偽書，是出於後人的偽造。但是後來偽書一說遭到大多數人的否定。第二種意見認為《尉繚子》一書並非尉繚一人所著，而是自尉繚開始，經四代人努力才得以完成的。

第三種意見與第二種意見大致相同，它認為《尉繚子》的前身是《漢書‧藝文志》所著錄的「雜家」《尉繚》29 篇。「雜家」糅雜儒墨名法之說。「雜家」《尉繚》屬「商君學」，除論述軍事外，還涉及政治和經濟。它雖談兵法，卻並非兵家。《隋書‧經

謀定後動—兵法智慧

籍志》著錄有「雜家」《尉繚子》5卷。這都和後來的《尉繚子》的內容和卷數相同，可見後來的《尉繚子》即「雜家」《尉繚子》。

智勇兼備──實戰心得

　　在先秦兵法思想的啟迪下，後世的兵法思想及其理論有了新的發展，它們繼承了先秦兵學的優秀傳統，又具有突出的時代特徵，其內涵豐富，軍事思想突出。

　　這一時期的軍事理論在有關戰爭的諸多問題上，包括對於戰爭的基本態度，對戰爭目的和性質的分析、軍事技術的創新和發展、戰爭與政治經濟的關係、戰爭與民眾的關係、戰爭與天時地利的關係、戰爭與主觀指導等方面，都提出了簡明扼要而又深刻的總結。這些兵學思想多透過著述兵書得以呈現和流傳，兵書自然而然地也成為了人們獲取軍事理論和兵學智謀的寶庫。

智勇兼備—實戰心得

帝師奇書：張良獲黃石公贈《三略》

戰國時期，韓國有一個家世顯赫的張姓家族，張姓家族的代表人物張開地連任韓國三朝宰相，他的兒子張平繼任他的位置，連任韓國二朝宰相，可是到了張平的兒子張良出生時，韓國已經漸漸衰落下去。西元前230年韓國被秦國兼併。

韓國的滅亡，使張良失去了繼承祖業的機會，喪失了顯赫榮耀的地位，張良懷著亡國亡家之恨，一心想報仇。他結交到一位大力士，一次，他和這個大力士在秦王嬴政途經之地埋伏好，準備一舉殺掉秦王。

但是天不遂人願，刺殺最後功虧一簣，大力士被秦王的侍衛殺死，而張良僥倖得以逃脫，從此改名換姓到處避難。

張良逃難到下邳，一天，他漫步來到一座叫沂水圯橋的橋頭上，對面走過來一個衣衫破舊的老頭。那老頭走到張良身邊時，忽然脫下腳上的破鞋子丟到橋下，對張良說：「去，把鞋子撿回來！」

張良很奇怪又很生氣，覺得老頭是在侮辱自己，真想上去揍他幾下。可是他又看到老頭年歲很大，便只好忍著氣下橋幫老頭撿回了鞋子。

誰知這老頭得寸進尺，竟然把腳一伸，吩咐說：「替我穿上！」

張良更覺得奇怪，簡直是莫名其妙。儘管張良已有些生氣，但他想了想，還是決定乾脆幫忙就幫到底，因此跪下身來幫老頭將鞋穿上了。

老頭穿好鞋，跺跺腳，哈哈笑著揚長而去。張良看著頭也不回、連一聲道謝都沒有的老頭的背影，正在納悶，忽見老頭轉身又回來了。他對張良說：

「小夥子，我看你有深造的價值。這樣吧，5天後的早上，你到這裡來等我。」張良深感玄妙，就誠懇地說：「謝謝老先生，願聽先生指教。」

第五天一大早，張良就來到橋頭，只見老頭已經先在橋頭等候。他見到張良，很生氣地責備張良說：「跟老年人約會還遲到，這像什麼話呢？」說完他就起身走了。走出幾步，又回頭對張良說：「過5天早上再會吧。」

張良有些懊悔，可也只有等5天後再來。到了第五天，天剛矇矇亮，張良就來到了橋上，可沒料到，老人又先他而到。

看見張良，老頭這回還是聲色俱厲地責罵道：「為什麼又遲到呢？實在是太不像話了！」說完，十分生氣地一甩手就走了。走時依然丟下一句話：「還是再過5天，你早早就來吧。」：張

智勇兼備─實戰心得

良慚愧不已。又過了5天，張良剛剛躺下睡了一會，還不到半夜，就摸黑趕到橋頭，他不能再讓老頭生氣了。

過了一會，老頭來了，見張良早已在橋頭等候，他滿臉高興地說：「就應該這樣啊！」然後，老頭從懷中掏出一本書來，交給張良說：

「再過十年，天下將要打仗，讀了這部書，就可以幫助君王治國平天下了。過十三年，你將在濟北谷城山下見到我的化身，黃石即是我。」說完，老頭飄然而去，還沒等張良回過神來，老頭已沒了蹤影。

等到天亮，張良打開手中的書，他驚奇地發現自己得到的是一部兵書，名叫《三略》，這可是天下早已失傳的極其珍貴的書呀，張良驚訝不已。

從此後，張良捧著《三略》日夜攻讀，勤奮鑽研。後來他真的成了大軍事家，做了劉邦的得力助手，為漢王朝的建立立下了卓著功勳，名噪一時，功蓋天下。

13年後，張良來到濟北谷城山下，沒有見到這位老人，卻見到一塊黃石，他把黃石取回供奉起來。張良死後，與這塊黃石葬在一起。

這位神龍不見首尾的神祕老人名叫黃石公，他贈送張良的天書是一部兵書，名叫《三略》。

帝師奇書：張良獲黃石公贈《三略》

相傳，黃石公是秦始皇父親的重臣，姓魏名轍。秦始皇父親莊襄王死後，輪到秦始皇坐朝當政，他獨斷專行，推行暴政，忠言逆耳，聽不進忠臣元老的意見。魏轍便辭官歸隱。

秦始皇聽說魏轍走了，想想一來自己還年輕，雖已登基，但立足未穩，身邊需要人輔佐；二來魏轍是先皇老臣，如若走了會讓天下人笑話自己無容人之量，於是就帶親信追魏轍到驪山腳下。

見到魏轍後，秦始皇用好言好語千方百計挽留，但是魏轍決心已定，堅決不回去。後來，他就隱居在邳州西北黃山北麓的黃華洞中，因人們不知道他的真實姓名，就稱他為黃石公。

黃石公雖然隱居，但內心一直還牽掛著黎民百姓，他把一生的知識與理想傾注在筆墨上。黃石公博學多才，他精通政治、經濟、軍事、權謀學問，神學和天文地理知識也相當豐富。

黃石公著的書有《內記敵法》、《三略》三卷、《三奇法》一卷、《五壘圖》一卷、《陰謀行軍祕法》一卷、《黃石公記》三卷、《略注》三卷、《祕經》三卷、《兵書》三卷、《陰謀乘鬥魁剛行軍祕》一卷，此外還有《地鏡八宅法》、《素書》等兵書戰策。

書寫好後，他就四處尋找合適人物，目的是委託重任，以實現他為國效力的意願。恰巧在下邳沂水圯橋橋頭偶遇張良，經過三次考驗，他認為張良是一個可以成大事的人，因此，他把兵書《三略》三卷贈送給了張良。而張良則依靠這部兵書建功

智勇兼備─實戰心得

立業,取得了事業的輝煌。

《三略》也叫《黃石公三略》,分為上、中、下三卷,約3,800多字,是從《太公兵法》中推演而成的,與《六韜》齊名,它側重於從政治策略上闡明治國用兵的道理,是一部糅合了諸子百家的某些思想,而專論策略的兵書。

《三略》大量引用古代兵書《軍讖》、《軍勢》中的內容來表達自己的思想,共引用了700餘字,占全書的1/6還要多,為後人保留了這兩部已佚兵書的部分精華。

《三略‧上略》共2,100餘字,占全書的一半以上,內容豐富,是全書的主要部分。其主要內容是強調民本、兵本思想,注重收攬人心、民心。這也是該書政略思想的核心。

《三略》的兵本思想,是古代軍事思想史上的重大進步。它主張治國統軍要根據具體情況的發展變化,柔、弱、剛、強四者兼施,巧妙運用。它借《軍讖》之語指出:柔能制剛,弱能制強的道理。

《三略》還說到,人的主觀認知是客觀存在的反映,指出「端末未見,人莫能知」,並意識到事物都是發展變化的,注重靈活運用的重要性,提出策略戰術的制定,要依據敵情的實際變化而不斷修正,要因敵轉化。

此外,還提出了一整套克敵致勝的軍事策略原則。《三略》

十分強調對策略要地的占領和控制，要求「獲固守之」。這種思想既是對前人關在險要地形用兵戰術的繼承，又是對秦漢以來戰爭經驗的總結。

《三略》對後世有著深遠的影響，其軍事學術價值和謀略價值很高，南宋晁公武稱其：「論用兵機之妙、嚴明之決，軍可以死易生，國可以存易亡。」

後來編撰的《四庫全書總目提要》評價《三略》說：「其大旨出於黃老，務在審機觀變，先立於不敗，以求敵人可勝，操術頗巧，兵家或往往用之。」

這些評語都準確地指出了《三略》的軍事學術價值和謀略實用價值，這也正是《三略》之所以為歷代眾多政治家、軍事家所高度推崇的原因所在。

《三略》出現了很多注釋本，有宋代施子美的《三略講義》、明代劉寅的《三略直解》等。由於揭示出了治國方略、用兵韜略的一些普遍規律，為中國歷代軍事家所推崇。

【旁注】

宰相：中國古代最高行政長官的通稱。「宰」的意思是主宰，商朝時為管理家務和奴隸的官；周朝有執掌國政的太宰，也有掌管貴族家務的家宰、掌管一邑的邑宰。相，本義為相禮之人，字義有輔佐之意。遼代時始為正式官名。

智勇兼備─實戰心得

下邳：即江蘇睢寧，下邳別稱邳國、下邳郡。戰國時期，齊威王封鄒忌當下邳的成侯，開始稱該地為「下邳」。後來，漢朝平定天下，將郯郡改名為東海郡，後置下邳國。清朝年間，下邳都城從古邳鎮遷往邳城。

劉邦（西元前256年～前195年）：漢朝開國皇帝，即漢高祖皇帝，沛郡豐邑中陽裡人，同時，也是漢民族和漢文化偉大的開拓者之一、中國歷史上傑出的政治家、卓越的策略家和指揮家。對漢族的發展有突出貢獻。

莊襄王（西元前281年～西元前247年）：即秦莊襄王，又稱秦莊王，是戰國末期的秦國君主，嬴姓，名楚。秦孝文王之子，本名異人，曾經在趙國邯鄲作人質，後在呂不韋的幫助下成為秦國國君。他的兒子秦始皇在滅六國、稱皇帝尊號後，追封其為太上皇。

《素書》：黃石公所著的一部謀略書，在中國謀略史上占據重要地位。《素書》僅有六章、一百三十二句、一千三百六十字。書中語言高度概括，字字珠璣，句句名言。書中對人性掌握精準獨到，對事物變化觀察入微，對謀略點恰到好處。

諸子：指先秦至漢初的各派學者或其著作。據《漢書‧藝文志》的記載，先秦至漢初的諸子數得上名字的一共有189家，4,324篇著作。而《隋書‧經籍志》、《四庫全書總目》等書則記載「諸子」實有上千家。但流傳較廣、影響較大、最為著名的不

帝師奇書：張良獲黃石公贈《三略》

過幾十家而已。

《四庫全書總目提要》:《四庫全書》的總目錄提要。編撰《四書全書》時，將「著錄書」、「存目書」逐一撰寫提要，於西元1781年彙編成此書。共200卷。收錄古籍計有10,289種，是內容豐富、較系統的研究古典文獻的重要工具書，解題式書目的代表作。

【閱讀連結】

在民間傳說中，黃石公為秦漢時人，很小時，父母便雙亡了，黃石公是跟著他的哥嫂長大的。

一天上午，黃石公獨自吆喝著牲口去山坡上耕他家的一塊山地。做了一下工作後，便停下牲口歇息。黃石公抬頭看到山頂一棵大樹下有兩人在下棋，便來到大樹下看兩人下棋。也許是下棋的兩個道士精神太集中了吧？黃石公的到來未引起他們的注意。黃石公也默默地站到旁邊看。兩個道士一盤棋下完，起身看了黃石公一眼，也沒和黃石公說什麼，便揚長而去。黃石公回到村裡，卻發現情況都變了，他看到的人，沒一個他認識的了，他的家也不存在了。透過詢問村裡的老人，黃石公終於知道了，時間已經過去了一百多年了，黃石公就這樣糊裡糊塗地成了神仙。道教人士也把他納入了神譜。

智勇兼備─實戰心得

臥龍兵策：諸葛亮《兵法二十四篇》

在徐州琅邪郡陽都縣，諸葛氏算是當地的望族，諸葛豐曾在西漢元帝時做過司隸校尉，諸葛豐的兒子諸葛珪東漢末年做過泰山郡丞。

西元 181 年，諸葛珪的妻子產下一子，取名諸葛亮。諸葛亮似乎是個不平凡的人，3 歲時，母親章氏病逝，8 歲時，父親諸葛珪也離他而去。

諸葛亮與弟弟諸葛均一起跟隨由大將軍袁術任命為豫章太守的叔父諸葛玄到豫章赴任，後來東漢朝廷派朱皓取代了諸葛玄職務，諸葛玄就去投奔荊州牧劉表。

西元 197 年，諸葛玄病逝，諸葛亮和弟弟失去了生活的依靠，便移居南陽。

諸葛亮此時已 16 歲，平日好讀〈梁父吟〉，又常以管仲、樂毅比擬自己，當時的人對他都不屑一顧，只有徐庶、崔州平等好友讚賞他的才幹。

諸葛亮當時和好友徐庶拜當時的襄陽名士水鏡先生司馬徽為師，兩人一起研讀史籍，悉心理會其中的要義精髓。時光荏苒，諸葛亮與當時的襄陽名士龐德公、黃承彥等人結下了深厚

情誼。

相傳，有一次黃承彥對諸葛亮說：「我家中有一醜女，頭髮黃、皮膚黑，但才華可與你相配。名叫黃月英，不知你可否願意與她結為夫妻？」

不重容貌的諸葛亮答應了這樁親事，決定迎娶這位有才華的醜女。當時的人都以此作笑話取樂，鄉里甚至編了一句諺語：「莫作孔明擇婦，正得阿承醜女」。

再說西漢中山靖王劉勝的後人劉備心懷大志，有統一天下的志願。有一次，司馬徽與劉備會面時，他知道劉備將來是個成大事的人，也有招賢納士之心，於是對劉備說：

「那些儒生都是見識淺陋的人，豈會了解當今局勢？能了解當今局勢才是俊傑。我看只有諸葛亮、龐統可以擔當此大任。」

劉備將此話放在心裡，他找來徐庶，希望徐庶能引諸葛亮來見，但徐庶卻建議：「這人可以去見，不可以令他屈就到此。將軍宜屈尊以相訪。」

劉備便親自前往拜訪，去了三次才見到諸葛亮。與諸葛亮相見後，劉備便叫其他人避開，對諸葛亮說道：「現今漢室衰敗，奸臣假借皇帝的旨意做事，皇上失去大權。我沒有衡量自己的德行與能力，想以大義重振天下，但智慧、謀略不足，所以時常失敗，直至今日。不過我志向仍未平抑，先生有沒有計

智勇兼備─實戰心得

謀可以幫助我？」

諸葛亮遂向他陳說了三分天下之計，分析了曹操不可取，孫權可作援的形勢；又詳述了荊、益二州的州牧懦弱，有機可乘，而且只有擁有此二州才可爭勝天下；更向劉備講述了攻打中原的策略。

劉備聽後，思路豁然開朗，他認定諸葛亮真是個可以平定天下的人才，他力邀諸葛亮相助，諸葛亮遂出山輔佐劉備。

諸葛亮出山輔佐劉備，使當時的局勢為之大變，他聯合孫權抗擊曹操，在赤壁之戰中大敗曹軍，形成了三國鼎足之勢。諸葛亮又幫助劉備奪占荊州，又攻取了益州，再接著又大敗曹軍，奪得漢中。

西元221年，劉備在四川成都建立蜀漢政權，諸葛亮被任命為丞相，主持蜀漢朝政。

西元223年，劉備離世，蜀漢後主劉禪繼位，諸葛亮被封為武鄉侯，負責處理日常事務。當時全國的大事小情都由諸葛亮決定。諸葛亮對外與東吳聯盟，對內改善和西南各族的關係，施行屯田，加強戰備。

西元227年，諸葛亮率軍屯於漢中，前後六次北伐中原，但無功而返，西元229年，因積勞成疾，諸葛亮病逝於五丈原軍中。

諸葛亮晚年將自己幾十年來行軍打仗、治國安邦的經驗輯成一部兵書，即《諸葛亮兵法》，也稱《兵法二十四篇》。

《兵法二十四篇》上面記載了諸葛亮幾十年來行軍打仗、治國安邦的經驗。在五丈原之戰中，諸葛亮在死前曾將此書和造用「連弩」之法等畢生所學傳授給了姜維，使姜維成為了諸葛亮最有力的繼承人。

《兵法二十四篇》原有二十四篇，分為〈視聽第三〉、〈納言第四〉、〈察疑第五〉、〈治人第六〉、〈舉措第七〉、〈考黜第八〉、〈治軍第九〉、〈賞罰第十〉、〈喜怒第十一〉、〈治亂第十二〉、〈教令第十三〉、〈斬斷第十四〉、〈思慮第十五〉、〈陰察第十六〉、〈將苑之兵權〉篇、〈將苑之逐惡〉篇、〈將苑知人性〉篇、〈將苑之將才〉篇、〈將苑之將器〉篇、〈將苑之將弊〉篇。

作為諸葛亮二十幾年來軍事實踐、治國安邦的經驗的集大成者，《兵法二十四篇》是軍事策略與戰術相結合的軍事著作，這部兵書集中演繹了兵聖孫武的「兵者國之大事，上下同心；上兵伐謀，其次伐交」的軍事思想，也有名將吳起「圖國、勵士、料敵」的具體戰術。

此外，還有將領在軍隊中的地位、作用、品格和領兵作戰時應該注意的問題等，堪稱是一本「將領寶典」。

智勇兼備─實戰心得

【旁注】

荊州：古稱「江陵」，是春秋戰國時楚國都城所在地，位於湖北中南部，長江中游兩岸，江漢平原腹地。荊州歷史悠久，文化燦爛。建城歷史悠久，是楚文化的發祥地和三國文化的中心。

諺語：熟語的一種，是流傳於民間的比較簡練而且言簡意賅的話語。多數反映了勞動人民的生活實踐經驗，而且一般都是經過口頭傳下來的。它多是口語形式的通俗易懂的短句或韻語，如「種瓜得瓜，種豆得豆」。

丞相：也稱宰相，是古代中國最高行政長官的通稱。丞相制度起源於商戰國。秦國自秦武王開始，設左丞相、右丞相，但有時也設相邦、秦統一以後只設左、右丞相。漢初各王國在其封國中各設丞相。明太祖朱元璋廢除了丞相制度。

五丈原：古戰場，位於陝西寶雞岐山境內。五丈原南靠秦嶺，北臨渭水，東西皆深溝。三國時期，諸葛亮屯兵五丈原與曹魏統帥司馬懿隔渭河對陣，後因積勞成疾病逝於五丈原，五丈原由此聞名於世。

【閱讀連結】

在諸葛亮上疏給後主劉禪的奏章中，以《出師表》為代表，《前出師表》寫於建興五年，當時，蜀漢已從劉備殂亡的震盪中

恢復過來，蜀漢外結孫吳，內定南中，勵精圖治，兵精糧足。諸葛亮認為已有能力北伐中原，實現劉備匡復漢室的夙願，他遂上疏了這張表給劉禪。表文表達了自己審慎勤懇、以伐魏興漢為己任的忠貞之志和誨誡後主不忘先帝遺願的孜孜之意，情感真摯，文筆酣暢。

《後出師表》寫於建興六年諸葛亮二次伐魏前。此表向後主闡明北伐不僅是為實現先帝的遺願，也是為了蜀漢的生死存亡，不能因「議者」的不同看法而有所動搖。表中充溢著強烈的壯烈之氣。

智勇兼備—實戰心得

謀略經典:《三十六計》的計策智慧

三十六計又稱「三十六策」,是指古代三十六個兵法策略,「三十六計」一語源於南朝宋將檀道濟。《南奇書‧王敬則傳》這樣記載:

檀公三十六策,走為上計,汝父子唯應走耳。

大致意思是敗局已定,無可挽回,唯有退卻,方是上策。

南朝宋時期,檀道濟出生於京口一個貧寒家庭,雪上加霜的是,在檀道濟很小的時候,父母就先後離世,他跟著哥哥和姐姐長大,哥哥和姐姐對他很好,他也和哥哥姐姐相處得非常好。

在顛沛流離中,檀道濟終於長大成人,長大後的檀道濟文武雙全。宋武帝劉裕創業之初,檀道濟成為劉裕的建武將軍參軍事、轉授徵西將軍參軍事。後因戰功赫赫,被授官為輔國參軍、南陽太守。又因為幫助劉裕擴大勢力建有功勳,被封為吳興縣五等候。

檀道濟是個宅心仁厚之人,西元416年,劉裕北伐,檀道濟被封為冠軍將軍,擔任先鋒從淮河、泗水出發,所到各城都紛紛投降。攻克許昌時,俘獲後秦寧朔將軍、潁州主守姚坦,

以及大將楊業。

利用軍威大振之機，檀道濟率軍急行，一路上，大軍勢如破竹，攻下陽城、滎陽、下皋等城池，最後會同其他部隊，四面環攻洛陽。洛陽守將姚洗孤軍難守，只得開城門率四千兵卒出降。

對這些俘虜，有些將領紛紛主張殺掉，以壯軍威，但檀道濟卻不同意，他說：「王師北征是為了懲罰有罪之人，怎能枉殺？」他下令將俘虜全部放掉，讓他們回歸鄉里，並告誡晉軍入城後要嚴明紀律，不得擾民。

宋文帝統治時期，北魏侵入宋的北部邊界，相繼攻下洛陽、虎牢等地。為解除北魏對宋的威脅，西元403年，宋文帝命檀道濟統軍北伐。宋軍先鋒進軍河南，收復洛陽、虎牢等地。但很快，北魏太武帝親自率軍反擊，擊潰了宋軍，劉宋前線部隊一片混亂，很多地方紛紛失守，退駐滑臺。

第二年一月，檀道濟率師前往救援滑臺，在軍隊到達山東壽張附近時，遇到了魏軍。檀道濟領軍奮勇作戰，大破魏軍，並乘勝北進，二十天後，大軍進抵山東歷城。魏大將叔孫建一面督軍正面迎擊，一面派輕騎繞到檀道濟軍隊的後面，成功焚燒了宋軍的糧草。

檀道濟的將士雖然英勇善戰，但是被魏軍來了個釜底抽薪，斷了軍糧，這樣就沒法維持下去了。檀道濟準備從歷城退兵。

智勇兼備—實戰心得

宋軍中有一些兵士逃到魏營投降。他們把宋軍缺糧的情況告訴了北魏的將領。北魏統帥叔孫建派出大軍把已經拔營正在退卻的宋軍圍困起來。

宋軍將士看到大批魏軍圍上來，都有點害怕，有的兵士偷偷逃跑了。檀道濟臨危不亂，他不慌不忙地命令將士就地紮營休息。

當天晚上，宋軍軍營裡燈火通明。檀道濟親自帶領一批管糧的兵士在一個營寨裡查點糧食。一些兵士手裡拿著竹籌唱著計數，另一些兵士用鬥子在量米。其實檀道濟在營裡量的並不是白米，而是一斗的沙土，只是在沙土上覆蓋著少量白米罷了。

北魏的探子偷偷地向營裡窺探，他們見到一個個米袋裡面都是雪白的稻米。他們馬上把這個消息報告給魏軍將領。說檀道濟營裡軍糧還綽綽有餘，要想跟糧草充足的檀道濟決戰，只怕是勝少敗多。

魏將信以為真，以為前面來告密的宋兵是假投降，來誘騙他們上當的，就把投降的宋兵全部殺了。

天色發白的時候，檀道濟命令將士戴盔披甲，自己穿著便服，乘著一輛馬車，大模大樣地沿著大路向南轉移。魏將安頡等人被檀道濟打敗過多次，本來對宋軍有點害怕，再看到宋軍從容不迫地撤退，不知道他們在哪裡埋伏了多少人馬，不敢追趕。

就這樣，檀道濟靠他的鎮靜和智謀，保全了宋軍，使宋軍

安全地回師。以後,北魏也不敢輕易進攻宋朝。

此次北伐,檀道濟雖然沒有取得完全勝利,但在四面遇敵、軍糧已斷的危急情況下,鎮定自若,全軍而返,也是難能可貴的。這也是「三十六計,走為上策」的具體體現。

「檀公三十六策,走為上計」,此語後人競相沿用,最後演變成了「三十六計,走為上計」。明末清初,引用「三十六計,走為上計」的人越來越多,於是有人採集群書,編撰成《三十六計》。

《三十六計》是根據古代卓越的軍事思想和豐富的鬥爭經驗總結而成的兵書,書中多處引證了宋代以前的戰例和孫武、吳起、尉繚子等兵家的精闢語句。

它以《易經》為依據,根據研究其中的陰陽變化,推演出一套適用於兵法中的剛柔、奇正、攻防、彼己、主客、勞逸等對立統一的規律。

全書共三十六計,引用《易經》27處,涉及六十四卦中的二十二個卦。原書按計名排列,共分六套,即勝戰計、敵戰計、攻戰計、混戰計、並戰計、敗戰計。前三套是處於優勢所用之計,後三套是處於劣勢所用之計。每套各包含六計,總共三十六計。

三十六計第一套「勝戰計」包括:瞞天過海、圍魏救趙、借

智勇兼備—實戰心得

刀殺人、以逸待勞、趁火打劫、聲東擊西。

第二套「敵戰計」包括：無中生有、暗渡陳倉、隔岸觀火、笑裡藏刀、李代桃僵、順手牽羊。

第三套「攻戰計」包括：打草驚蛇、借屍還魂、調虎離山、欲擒姑縱、拋磚引玉、擒賊擒王。

第四套「混戰計」包括：釜底抽薪、混水摸魚、金蟬脫殼、關門捉賊、遠交近攻、假道伐虢。

第五套「並戰計」包括：偷梁換柱、指桑罵槐、假痴不癲、上屋抽梯、樹上開花、反客為主。

第六套「敗戰計」包括：美人計、空城計、反間計、苦肉計、連環計、走為上。

這些計策有些來源於歷史典故，有些來源於古代軍事術語，有的來源於古詩句，有的借用成語。

其中每計的解說，由攻防、彼己、虛實、主客等對立轉化的思想推演而成，含有樸素的古代軍事辯證法，體現了極強的辯證哲理，蘊含著豐富的智慧，精煉概括了歷代智慧謀略的精華，是古代兵家計謀的總結和軍事謀略學的體現。

比如，「瞞天過海」的計策就是故意一而再、再而三地用偽裝的手段迷惑、欺騙對方，使對方放鬆戒備，然後突然行動，從而達到取勝的目的。

再如,「圍魏救趙」是指當敵人實力強大時,要避免和強敵正面決戰,應該採取迂迴戰術,迫使敵人分散兵力,然後抓住敵人的薄弱環節發動攻擊,致敵於死地。

《三十六計》集歷代「韜略」、「詭道」之大成,被兵家廣為援用。《三十六計》中的很多內容廣為吟誦,婦孺皆知,以其通用性和實用性,被廣泛應用於社會、軍事、商業以及人生的各個方面,為其他兵書所望塵莫及。

【旁注】

南朝宋:中國南北朝時代南朝的第一個朝代,西元420年,宋武帝劉裕取代東晉政權而建立,改國號宋,定都建康。因國君姓劉,為與後來趙匡胤建立的宋朝相區別,故又稱為劉宋。以劉裕世居彭城為春秋時宋國故地,故以此為國號。

劉裕(西元363年～422年):字德輿,小名寄奴,祖籍彭城綏輿里,西元363年3月生於江蘇鎮江,南北朝時期的政治家、改革家、軍事家,劉宋開國之君。劉裕曾兩度北伐,收復洛陽、長安等地,功勳卓著。

洛陽:又稱雒陽、雒邑,中國四大古都之一,有東周、東漢、曹魏、西晉、北魏等朝代在此定都,有「十三朝古都」之稱。洛陽位於洛水之北,水之北乃謂「陽」,故名洛陽。洛陽地處中原,境內山川縱橫,有「河山拱戴,形勢甲於天下」之說,

智勇兼備─實戰心得

是中華文明和中華民族的主要發源地之一。

竹籌：也稱算籌，古代一種計算用具，是一根根同樣長短和粗細的小棍子，一般長為13、14公分，徑粗0.2～0.3公分，多用竹子製成，也有用木頭、獸骨、象牙、金屬等材料製成的，大約二百七十枚為一束，放在一個布袋裡，繫在腰部隨身攜帶。需要記數和計算的時候，就把它們取出來。

卦：古代用來占卜的工具，亦是象徵自然現象和人事變化的一套符號。以陽爻（─）、陰爻（--）相配合，每卦三爻，組成八卦，象徵天地間八種基本事物及其陰陽剛柔諸性。八卦相互組合重疊，組成六十四卦，象徵事物間的交流連繫。古代視占卜所得之卦判斷吉凶。

釜：中國古代一種盛放食物的器物，圓底而無足，必須安置在爐灶之上或是以其他物體支撐煮物。釜口也是圓形，可以直接用來煮、燉、煎、炒等，通常可視為鍋的前身。

【閱讀連結】

三十六計是古代兵家計謀的總結和軍事謀略學的寶貴遺產，為便於人們熟記這三十六條妙計，有位學者在三十六計中每取一字，依序組成一首詩：金玉檀公策，藉以擒劫賊，魚蛇海間笑，羊虎桃桑隔，樹暗走痴故，釜空苦遠客，屋梁有美屍，擊魏連伐虢。

全詩除了檀公策外,每字包含了三十六計中的一計,依序為:金蟬脫殼、拋磚引玉、借刀殺人、以逸待勞、擒賊擒王、趁火打劫、關門捉賊、渾水摸魚、打草驚蛇、瞞天過海、反問計、笑裡藏刀、順手牽羊、調虎離山、李代桃僵、指桑罵槐、隔岸觀火、樹上開花、暗度陳倉、走為上、假痴不癲、欲擒故縱、釜底抽薪、空城計、苦肉計、遠交近攻、反客為主、上屋抽梯、偷梁換柱、無中生有、美人計、借屍還魂、聲東擊西、圍魏救趙、連環計、假道伐虢。

智勇兼備─實戰心得

唐代名將：李靖《李衛公問對》

　　西元 571 年，李靖出生於一個官宦人家。他的祖父李崇義曾任殷州刺史，後封永康公。他的父親李詮曾擔任隋朝的趙郡太守。李靖長得儀表魁偉，一表人才。

　　由於受家庭的薰陶，李靖從小就很有「文武才略」，又頗有進取之心，一次，他對父親說：「大丈夫如果遇到聖明的君主和時代，應當建立功業求取富貴。」他的舅父韓擒虎是隋朝名將，每次與他談論兵事，無不拍手稱絕，並撫摸著他的頭說：「可與之討論孫、吳之術的人，只有你啊。」那時，李靖只有 20 歲。

　　隋文帝後期，李靖開始進入仕途，先任長安縣功曹，後歷任殿內直長、駕部員外郎。他的官職雖然卑微，但其才幹卻聞名於隋朝公卿之中，吏部尚書牛弘稱讚他有「王佐之才」，左僕射楊素也撫著坐床對他說：「你終將坐到這個位置！」

　　西元 605～617 年，李靖任馬邑郡丞，受太原留守李淵統轄。這時，由於隋煬帝的殘暴統治，各地的反隋運動風起雲湧。李淵也在太原起兵，並迅速攻占了長安。

　　李淵的兒子李世民非常賞識李靖的軍事才能和過人的膽氣，他說服李靖加入他的幕府，成為他的得力幹將。

西元 618 年 5 月，李淵在長安稱帝，建立唐朝，李世民被封為秦王。西元 620 年，李靖跟著秦王李世民東進，平定在洛陽稱帝的王世充。在平定過程中，李靖表現出了卓越的軍事才能，立下了赫赫戰功，最後以軍功授任開府。從此，李靖開始嶄露頭角。

盤踞在湖北江陵的梁王蕭銑在李世民和李靖與王世充交戰時，派軍隊溯江而上，企圖攻取唐朝湖北宜昌峽州、巴、蜀等地，沒想到卻被陝州刺史許紹擊退。

為了削弱蕭銑這一割據勢力，李淵調李靖赴夔州平定蕭銑。李靖奉命，率數騎赴任，在途經陝西金州時，遭遇了蠻人鄧世洛率數萬人屯居山谷間抗衡。盧江王李瑗率兵進攻，卻遭到了慘敗。

李靖積極為盧江王李瑗出謀劃策，一舉擊敗了蠻兵，並俘虜很多士兵。李靖率兵順利通過金州，抵達陝州。這時，由於蕭銑控制著險塞，再次受阻，遲遲不能前進。在陝州刺史許紹的幫助下，李靖的部隊得以進抵夔州。

李靖的部隊開進夔州沒多長時間，夔州就遭到了開州蠻人首領冉肇則率眾進犯。李靖率八百士兵襲擊冉肇則陣營，將進犯的蠻兵打得大敗。李靖又在險要處布下伏兵，一戰而殺死冉肇則，俘獲了五千多人。

當捷報傳到京師時，唐高祖李淵立即頒下璽書，慰勞李靖

智勇兼備─實戰心得

說:「卿竭誠盡力,功績特別卓著。天長日久才發現卿無限忠誠,賞賜你嘉獎,卿不必擔心功名利祿了。」

西元621年正月,李靖鑒於敵我雙方的情勢,向李淵上陳了攻滅蕭銑的十項計策,李淵高度讚揚了這十條計策。李靖組織人力和物力大造舟艦,組織士卒練習水戰,做好下江陵的準備。

這年八月,李靖調集軍隊聚集於夔州。這時,適值秋天雨季,江水暴漲,流經三峽的江水咆哮狂奔而下,響聲震撼著峽谷。蕭銑望著滔滔江水,哈哈大笑,他以為水勢洶湧,三峽路險難行,唐軍不能東下,於是沒有令士兵防備。

李靖的手下也大都望著滔滔的洪水而心生畏懼,他們建議李靖等洪水退後再進兵。李靖力排眾議,大聲說:

「兵貴神速,機不可失。如今軍隊剛剛集結,蕭銑還不知道,如果我們乘江水猛漲出師,順流東下,突然出現在江陵城下,正是所說的迅雷不及掩耳,這是兵家上策。縱然蕭銑得知我將出師的消息,倉促調集軍隊,也無法應戰,這樣擒獲蕭銑定可一舉成功。」

李靖毅然下令軍隊渡水進擊,載滿將士的幾千艘戰船沿著三峽,衝破驚濤駭浪,順流東進。蕭銑毫無防備,等發現情況不妙時,李靖大軍已經兵臨城下,無奈打開城門投降。

西元623年7月,原投降唐朝的起義軍將領杜伏威、輔公

祐二人不和，輔公祐乘杜伏威入朝之際，占據丹陽，舉兵反唐。李淵命李孝恭為帥，李靖為副帥，率李勣等七總管東下討伐。

輔公祐派大將馮惠亮率三萬水師駐守當塗，陳正道率二萬步騎駐守青林，從梁山用鐵索橫亙長江，以阻斷水路。同時，築造建月城，綿延十餘里，以為犄角之勢。

李靖精闢地分析了敵我雙方的形勢，他對眾人說：「如果我軍直奔丹陽，旬月之間都不能攻下而滯留在那裡，前面的輔公祐沒有平定，後邊的馮惠亮也是一大隱患，這樣我們就會腹背受敵。而如果我們進攻馮惠亮、陳正通的城柵，就可以打他個出其不意，消滅敵賊的機會，只在此一舉。」

李靖運籌帷幄，判斷準確，很快地平定了輔公祐的反叛。李淵十分欽佩李靖的軍事才幹，讚嘆說：「李靖乃蕭銑、輔公祐的膏肓之病，古代名將韓信、白起、衛青、霍去病，沒有一個能比得上李靖！」

西元629年，李靖又輔佐唐太宗李世民擊敗了北部突厥的進犯。回朝後，太宗擢任李靖為刑部尚書，不久轉任兵部尚書。之後，李靖又取得了進攻吐谷渾之戰的勝利。李世民又進封他為衛國公。

李靖用兵具有「臨機果，料敵明」的特點，每次統兵出征，都能根據敵我雙方的各種條件，制定周密的作戰計畫，進行全面部署，作戰時都能以謀略取勝，而且每次作戰謀略都各有

智勇兼備─實戰心得

不同。

在李靖的戎馬生涯中,他指揮了幾次大的戰役,均取得了重大的勝利,這不僅因為他勇敢善戰,更因為他有著卓越的軍事思想與理論。李靖根據一生的實踐經驗,寫出了優秀的軍事著作,《李衛公問對》雖然不是他親筆所作,卻是他兵法理論的結晶。

《李衛公問對》是以李世民和李靖問答的形式編著的。李世民雄才大略,智勇雙全,精於戰法,善於出奇制勝,每當臨戰總是身先士卒,統軍馭將,恩威並用。他的用兵之道,在《李衛公問對》有所記載,李靖則是《李衛公問對》的答卷人。

《李衛公問對》共分3卷,共一萬零三百餘字。全書涉及的軍事問題比較廣泛,既有對歷代戰爭經驗的總結和敘述,又有對古代兵法的詮釋和發揮。既講訓練,又講作戰。既討論治軍,又討論用人。既有對古代軍制的追述,又有對兵學源流的考辨,但內容主要是講訓練和作戰,以及兩者之間的關係,中心圍繞著奇、正論述問題。

上卷主要論述奇正、陣法、兵法和軍隊編制等問題。奇、正是中國古代軍事理論中常用的一對概念。自黃帝以來的兵法都主張先正後奇。《孫子兵法》上說:「凡戰者,以正合,以奇勝」,又說「戰勢不過奇正,奇正之變,不可勝窮也」。

三國梟雄曹操解釋奇正說,先投入戰鬥的是正兵,後投入

戰鬥的是奇兵；正面作戰的是正兵，從側翼發動攻擊的是奇兵。

它發展了《孫子兵法》有關「奇正相生」的思想，進一步充實了奇、正的內容，認為奇、正包含著豐富的內涵。

此外，此卷還對天、地、風、雲、龍、虎、鳥、蛇八陣的名稱提出了新的解釋。

中卷主要論述如何戍守北邊、訓練軍隊、擇人任勢、避實擊虛、增強部隊的戰鬥力和排列營陣諸問題。

它發展了《孫子兵法》中關於虛實的思想。虛通常指劣勢和弱點，實則指優勢和強點。要辨識虛實，必須先懂得奇正相生的方法。不懂得以奇為正，以正為奇，就不會了解虛是實，實又是虛。

懂得了奇正相生，就可以採取主動，用這一方法來調動敵軍，從而摸透敵軍的虛實，然後用正兵對抗敵軍的堅實之處，出奇兵攻擊敵軍的虛弱之處。

下卷主要論述重刑峻法與勝負的關係，以及義利、主客、步兵對抗車騎、分合、攻守、御將、陰陽術數、臨陣交戰和對兵法的理解等問題。

此卷強呼叫兵應處理好義和利的關係。要剷除大患，就不能顧慮小義。主客是既對立又統一的辯證關係，只有因時制宜，善於反客為主，變主為客，才能屢戰屢勝。

智勇兼備─實戰心得

此卷對攻守的論述是相當精闢的。它指出，進攻是防守的樞紐，防守是進攻的策略。進攻不僅僅是進攻敵城、敵陣，還必須攻敵之心。防守不只是守衛營陣壁壘，還必須保持我軍的士氣，等待戰勝敵人時機的到來。

它認為，攻敵之心的人就是所謂的知彼者，保持我軍士氣的人就是所謂的知己者。使自己不被敵人戰勝，主動權操在自己手中；先使自己不可戰勝的人，就是知己者。我軍可以戰勝敵軍，在於敵軍有可乘之機；等待並尋求可以戰勝敵人之時機的人，就是知彼者。這是用兵作戰要點。

此外還指出，陰陽術數不可信，功成業就，事在人為。但同時，它又認為陰陽術數是不可廢除的。其理由是用兵作戰是一種詭詐的行為，善於用兵的人，自己不能相信陰陽術數，但可以假託和利用這些東西，以驅使和命令那些相信陰陽術數的貪欲、愚昧之輩。

《李衛公問對》繼承和發展了《孫子兵法》以來的軍事思想，提出了一些獨特的見解，發展了前人的一些光輝思想，自成一家之說，具有重要的學術價值。

【旁注】

太守：原為戰國時代郡守的尊稱。西漢景帝時，郡守改稱為太守，為一郡的最高行政長官。歷代沿置不改。南北朝時

期，新增州漸多。郡的轄境縮小，郡守的權力為州刺史所奪，州郡區別不大，至隋初遂存州廢郡，以州刺史代郡守之任。此後太守不再是正式官名，僅用作刺史或知府的別稱。明清則專稱知府。

尚書：中國古代官名，六部中各部的最高級長官，設定於秦朝，漢朝沿置。本為少府的屬官，掌管文書及群臣章奏。漢武帝時以宦官擔任，漢成帝改用士人。東漢政務歸尚書，尚書令成為對君主負責總攬一切政令的首腦。魏晉以後，事實上即為宰相之任。

刺史：中國古代官職名，漢初，漢文帝以御史多失職，命丞相另派人員出刺各地，於是產生了刺史這一官職。「刺」，檢核問事之意。刺史巡行郡縣，分全國為十三州，各置部刺史一人，後通稱刺史。刺史制度是中國古代重要的地方監察制度。刺史制度是維護皇權的有力手段，對於加強中央對地方的監督和控制，發揮了重要的作用。

璽書：古代以泥封加印的文書。古代長途遞送的文書易於破損，所以書於竹簡木牘，兩片合一，縛以繩，在繩結上用泥封固，鈐以璽，故稱璽書。秦朝以後專指皇帝的詔書。

江陵：又名荊州城，位於湖北省中部偏南，地處長江中游，江漢平原西部，南臨長江，北依漢水，西控巴蜀，南通湘粵，古稱「七省通衢」。江陵的前身為楚國國都「郢」，從春秋戰國到

智勇兼備—實戰心得

五代十國，先後有 34 代帝王在此建都，歷時 515 年。至漢朝起，江陵城長期作為荊州的治所而存在，故常以「荊州」專稱江陵。

韓信（西元前 231 年～前 196 年）：江蘇淮陰人，西漢開國功臣，中國歷史上傑出的軍事家，與蕭何、張良並列為「漢初三傑」。作為統帥，在楚漢戰爭中，韓信發揮了卓越的軍事才能，幫助劉邦取得了天下，被拜為相國。

刑部尚書：中國古代官署刑部的主官，掌管全國司法和刑獄。刑部是中國古代六部之一，為主管全國刑罰政令及稽核刑名的機關。刑部尚書的官職最早出現於隋，明、清兩代沿襲此制。

曹操（西元 155 年～220 年）：字孟德，一名吉利，小字阿瞞，沛國譙縣，漢族。東漢末年傑出的政治家、軍事家、文學家、書法家。三國中曹魏政權的締造者，以漢天子的名義征討四方，統一了中國北方，並實行一系列政策恢復經濟生產和社會秩序，奠定了曹魏立國的基礎。曹操精兵法，善詩歌，同時也擅長書法，尤工章草。

術數：又稱為數術，古代道教五術中的重要內容，是以陰陽五行生克制化之理、推測人事吉凶的數學，屬易學支派。《易》是涵蓋宇宙的整體學問。通常把《易》分門別類的以「義理」、「象數」、「數術」等嚴格的劃分開來加以研究、了解。

【閱讀連結】

李靖用兵高瞻遠矚，而且講究仁義。當李靖率領唐軍逼迫蕭銑投降唐軍後，李靖率軍進入城內。李靖的部下都以為蕭銑的大將抗拒官軍，罪大惡極，建議籍沒其家財產，用以犒賞官軍將士。沒想到李靖立即出面勸止，曉以大義，說：

「王者之師，應保持撫慰人民，討伐罪惡的節義。百姓已經飽受戰亂之苦，抵抗作戰難道是他們的願望。為蕭銑戰死的人，死為其主，不能與叛逆者同等看待，這就是蒯通之所以在高祖面前免除死罪的原因啊。現在剛平定荊州、江陵，應當採取寬大的政策，來撫慰遠近的民心，投降了我們而還要沒收他們的家產，恐怕不是救焚拯溺的道義。只怕從此其他城鎮的敵將，拚死抵抗而不降，這不是好的決策。」

李靖的這一做法頗得人心，其他州郡紛紛望風歸附。蕭銑投降幾天之後，有十幾萬援軍相繼趕到，聽說蕭銑已經投降，李靖的政策寬大，也都放下兵器不戰而降。

智勇兼備—實戰心得

兵學秘典：李筌十卷兵法《太白陰經》

　　唐玄宗時期，有個叫李筌的隴西人，他自小非常喜歡神仙之道，甚至到了痴迷的地步。為了讓自己的修道成仙之夢不受打擾，李筌多年隱居於嵩山少室山。

　　李筌經常遊歷名山，廣泛採納方術，來提高自己的修煉。機緣巧合，一天，李筌在嵩山虎口巖的一個石室裡，發現了一本《皇帝陰符經》，素書朱漆，盛放在玉匣中，上題：「太平真君二年七月七日上清道士寇謙之藏諸名山，用傳同好」。

　　由於傳本年代久遠，已經糜爛，李筌將書的內容抄寫下來，經常拿出來讀一讀，但讀了有數千遍，始終沒有明白其中的義理。

　　李筌沒有辦法，決定將此事先放一放，等以後再說。一次，他西遊來到驪山，驪山又稱「酈山」。是秦嶺北側的一個支脈，東西綿延 20 餘公里，最高海拔 1,256 公尺，遠望山勢如同一匹駿馬，故名「驪山」。

　　李筌正在欣賞驪山美麗景色時，迎面走來一個老婦人。只見這個老婦人頭頂挽著高髻，四圍之髮下垂，穿著襤褸，手扶枴杖，其形貌和一般老婦有些不同。只見她坐在路旁看著野火

燃燒著一棵樹，自言自語地說：「火生於木，禍發必克。」

李筌在一旁聽後十分驚異，就接著問老婦人說：「這是皇帝陰符中的句子，老母是從哪裡得來的？又提到它？」

老婦人回答說：「我讀此經已有三元六周甲子了，你這位少年是從哪裡得到的？」李筌恭恭敬敬地向老母叩了兩個頭，告訴了他所得到這本書的時間和地點。

老婦人說：「你這少年的顴骨貫穿於生門，而命門齊於日角，血腦未減，心影不偏，德賢而好法，神勇而樂智，可真稱得上是我的弟子呵！然而，你四十五歲的時候當有大難。讓我救你於危難吧！」於是，拿出丹砂書寫符籙一道，掛在枴杖一端，讓李筌跪下接受了這道符。

做完這些後，老婦人坐在一塊大石上，講述了《皇帝陰符經》的義理給李筌聽：

《陰符經》總三百字，一百字演說道，一百字演說法，一百字演說術；上有神仙抱一之道，中有富國安民之法，下有強兵戰勝之術，都是內出心機，外合人事，觀其精微，黃庭八景不足以為玄；察其至要，經傳子史不足以為文；任其巧智，孫吳韓白不足以為奇，非有道之士，不可使聞之。故智人用之得其通，賢人用之得其法，正人用之得其術，識分不同也。如傳同好，必請齋誠而授之，有本者為師，無本者為弟子也。不得以富貴為重，貧賤為輕，違者奪紀二十本命，日誦七遍益心機加

智勇兼備─實戰心得

年壽,每年七月七日寫一本藏於名山石巖中,得加算久之。

說完這些後,老婦人說道:「現在時間已到申時了,我的麥飯已經做好,我們同吃吧。」說完,老婦人從袖裡取出一個瓢,讓李筌到山谷中去取水,舀滿了,瓢忽然有五十多公斤重,再努力往上拿,就是拿不上來,最後沉到泉中去了。

李筌沮喪地返回來,卻發現老婦人已經不見了,在原處只留下一些麥飯。李筌沒有多想,他把這些麥飯吃了下去,令他感到奇怪的是,從此他再也沒有飢餓感了,也就不再吃飯了。李筌將事情前前後後想了一通,最後認定這個神祕的老婦人就是傳說中的驪山老母。

李筌細細回想老婦人所講的《陰符經》義理,再結合自己所得的《皇帝陰符經》的內容,日夜咀嚼,不知過了多少時日,在一個寂靜的晚上,他終於將《皇帝陰符經》融會貫通,明白了其中的義理精髓。

李筌決定結束隱居生活,走出少室山,為造福天下百姓貢獻自己的力量。

唐玄宗開元年間,即西元713～741年,李筌被任命為江陵節度副使、御史中丞。任職期間,李筌盡職盡責。當時,朝廷奸臣當道,奸相李林甫排除異己,大肆陷害忠臣。

李筌見難以施展自己的才智,急流勇退,遂辭官離去。辭

官以後,李筌重新隱居起來,他把精力放在了著述和訪道上。

李筌有將才大略,他作了《太白陰經》十卷,又作了《中臺志》十卷。《太白陰經》又叫《神機制敵太白陰經》。古人認為太白星主殺伐,因此多用來比喻軍事,《太白陰經》的名稱由此而來。

《太白陰經》內容較為豐富,共分十卷100篇,十卷分別是:〈人謀〉、〈雜儀〉、〈戰具〉、〈預備〉、〈陣圖〉、〈祭文〉、〈捷書〉、〈藥方〉、〈遁甲〉、〈雜式〉。

《太白陰經》博採道家、儒家、法家、兵家軍事理論之長,又具有某些獨到的見解,它最大的特點是在編撰體例上有所創新,它已經把對戰爭和軍事側重與理論的綜合研究,分解成諸多專題,進行分門別類上的研究。

李筌在充分繼承前人兵論成果的基礎上,結合唐代軍事發展的實際情況,對古代戰爭、國防、治軍、作戰等重大軍事問題,都系統性地進行較為深刻的論述,並對某些問題的闡述有了創新的發展。

關於戰爭,李筌強調政治高於軍事,以政治爭取到不戰而勝乃為用兵的最上策。主張盡量以政治手段解決問題,避免流血發生,具有一定的社會意義。

在決定戰爭勝負的因素上,《太白陰經》的一個重要觀點是

智勇兼備—實戰心得

戰爭的勝負取決於「人事」,即取決於人的主觀努力,而不依靠陰陽鬼神。此外,戰爭的勝利還取決於君主的「仁義」以及國家的富強。

李筌還進一步分析,國家的強與弱、富與貧,並不是固定不變的,只要執政者施行符合客觀事實的方針,真正做到「乘天之時,因地之利,用人之力,乃可富強」。

李筌對此進一步解釋,指出:所謂「乘天之時」並非坐等天道恩賜,而是指不違時,做到「春植谷,秋植麥,夏長成,冬備藏」,盡量發揮人在四季生產中的作用。

所謂「因地之利」,並非專靠土地的肥沃和地形的險要,而是指要積極「飭力以長地之財」,調動全國各地的物力,做到物盡其用;而要使「器用備」,只有「地誠任,不患無財」;做到「商旅備」,就能「以有易無」,活躍市場經濟。

所謂「用人之力」,是指要充分調動人們的生產積極性,發揮勞動者的主觀能力作用,去創造社會物質財富,防止人們因懶惰和奢侈所造成的貧困落後局面。

另外,《太白陰經》對軍儀典禮、各類攻防戰具、駐防行軍等各項準備事宜、戰陣隊形、公文程序和人馬醫護、物象觀測等,也分別作了具體論述。其中尤為突出的是對各種兵器、攻守城器械、城防設施,水軍戰船的論述更為詳盡。

這些內容基本上是綜合前代兵書典籍及有關著作寫成，且有所闡發，其中存錄了不少有價值的軍事資料。《太白陰經》由此被後人所重視，有多種刊本問世。

【旁注】

方術：道術的前身。通常方術有兩種意思，：一是指古代關於治道的方法。二是指古代用自然的變異現象和陰陽五行之說來推測、解釋人和國家的吉凶禍福、氣數命運的醫卜星相、遁甲、堪輿和神仙之術等科學技術的總稱。

甲子：干支之一，順序為第 1 個。前一位是癸亥，後一位是乙丑。干支紀年或記歲時六十組干支輪一周，稱一個甲子，共六十年。中國傳統紀年農曆的干支紀年中一個循環的第一年稱「甲子年」。以下各個西元年分，年分數除以 60 餘 4，或年分數減 3，除以 10 的餘數是 1，除以 12 的餘數是 1，自當年正月初一起至次年除夕止的歲次內均為「甲子年」。

丹砂：即硃砂，又稱辰砂、丹砂、赤丹、汞沙，是硫化汞的天然礦石，大紅色。硃砂古時稱作「丹」。東漢之後，為尋求長生不老藥而興起的煉丹術，使人們逐漸開始運用化學方法生產硃砂。硃砂的粉末呈紅色，可以經久不褪。硃砂通常作顏料，中國利用硃砂作顏料已有悠久的歷史。

麥飯：陝西的小吃，以「蒸煮」手法製作而成。主料為野

智勇兼備──實戰心得

菜或蔬菜和麵粉。麥飯的做法極其簡便,將洗乾淨的野菜或蔬菜與麵粉攪拌均勻,再蒸上二十分鐘左右即可食用,是一道簡單、營養、菜香濃郁的鄉土小吃。

太白星:即金星,太陽系中接近太陽的第二顆行星,也是各大行星中離地球最近的一個。中國古代把金星叫做太白星,早晨出現在東方時叫啟明,晚上出現在西方時叫長庚。

陰陽:中國古人一種宇宙觀。陰陽的概念源自古代人的自然觀。古人觀察到自然界中各種對立統一的大自然現象,如天地、日月、晝夜、寒暑、男女、上下等,以哲學的思想方式,歸納出「陰陽」的概念。早至春秋時代的易傳以及老子的道德經都有提到陰陽。陰陽理論已經滲透到中國傳統文化的各方面,包括哲學、曆法、中醫、書法、建築等等。

【閱讀連結】

李筌對道教和法家思想深信不疑,他的理論基本上以道家學說為核心,並很好地融合了法家、兵家的思想,進而構造出自己的思想體系。

在個人修道方面,李筌認為「抱一」就是「複本」,「本」是最高的「道」,為「至道」。「抱一複本」就是體認、領悟「至道」的性質和功用,從而與「至道」融為一體。他強調修道者一定要了解「至道」,主張人們應該動用道教的方術,以靈明心通曉

「盜機」之方法，將自己煉就成為無味無覺卻又像逐漸生長的嬰兒一樣，最終與「至道」合一，就可以窮達本源，掌握宇宙，逍遙成仙。在國家管理方面，李筌主張「以名法理國」，提倡「法治」，做到「按罪而制伏，按功而行賞」，「賞無私功，刑無私罪」，同時要明法審令，不卜筮而事。

智勇兼備─實戰心得

軍事大全：《武經總要》的知識結集

宋咸平二年，即西元 999 年，曾公亮出生於一個顯赫的官宦世家。很小的時候，曾公亮就表現出與眾不同來。與大多數孩子不同，他相貌奇特，器宇不凡，更為可貴的是，他志向遠大，有著遠大的抱負。

1022 年，23 歲的曾公亮代表家族晉京祝賀仁宗登基。宋仁宗十分高興，授予當時還沒有功名的曾公亮為大理評事。沒想到，曾公亮立志從正途出仕，不願意走家族蔭庇之路，因此，沒有去赴任。

1024 年，曾公亮考中進士甲科第五名，被任命為越州會稽知縣。為官一任，造福一方，曾公亮謹記這個為官準則，任上盡職盡責，克己奉公。1028 年，他治理鏡湖，想辦法使滔滔湖水洩入曹娥江，使湖邊民田免受了洪澇之苦。

由於政績卓著，幾年後，曾公亮被晉升入京，任國子監直講，後改作諸王府侍講。不久，升任集賢殿校理、天章閣侍講、知制誥兼史館修撰。

1048 年，宋仁宗下召，讓官吏獻言獻策，振興大宋朝。曾公亮積極上疏，他條陳六項舉措，都是針對當時積弊所發的改

革建議，深得仁宗的賞識。

1056年，曾公亮升任吏部侍郎，同中書門下平章事，集賢殿大學士，與宰相韓琦共同主持朝中政事。

曾公亮不但勤於政事，而且十分重視邊防和軍事建設。曾公亮曾熟讀兵書，對軍事理論有著高深的見解。他曾針對時弊提出「擇將帥」以加強武備的主張。他說：

擇將之道，唯審其才之可用，不以遠而遺，不以賤而棄，不以詐而疏，不以罪而廢。

他認為造成將領不稱職的原因，並非沒有將才，而是挑選將領時沒有要領，使人人不能盡其才。他建議選將必先試其才，所試有效，方給顯官厚祿以重其任，然後委其命而勿制約，用其策而無懷疑。

正是由於曾公亮熟諳軍事理論，對軍史有著較深的研究，宋仁宗才命他和端明殿學士、工部侍郎丁度主編一部兵書。兵書定名為《武經總要》。

實際上，《武經總要》的編撰與當時統治者的統治思想有著緊密的關係，西元：960年，原五代時期後周殿前都檢趙匡胤發動著名的「陳橋兵變」，黃袍加身而做了北宋的開國皇帝，即宋太祖。

趙匡胤靠掌握禁軍起家，又是以兵變方式奪得政權，因此

智勇兼備—實戰心得

深知掌握軍隊的重要。他當了皇帝以後，一方面想方設法陸續解除了一些帶兵老部下的軍權，另一方面加緊了朝廷對國家主力軍禁軍的直接控制，抑制和改變了唐朝以來地方藩鎮割據的局面，同時加強了國家對武器製造業的集中管理。

北宋王朝在國都汴京建立了大規模的兵器生產作坊，即南、北作坊，又建立了弓弩院，專門生產各類刀槍甲具和遠射兵器。

太祖趙匡胤親自督查兵器作坊武器的生產情況，975年，他每隔十天便查核一次各種兵器的品質。最高統治者的高度重視，使得當時的軍械生產水準有了很大提高，南、北作坊的武器年產量達：3萬多件。

到了宋仁宗趙禎統治時期，為了防止武備鬆懈，將帥「鮮古今之學」，不知古今戰史及兵法，所以才下令精通軍事歷史的吏部侍郎曾公亮和工部侍郎參知政事丁度等人，編撰一部內容廣泛的軍事教科書。這就是《武經總要》。

曾公亮和丁度領命後，著手開始進行這項劃時代的編撰工作。編撰工作開始於1040年，歷時四年，於1044年完成編撰工作。

曾公亮文采斐然，寫了很多作品，除參與《武經總要》編撰外，還參加了《英宗實錄》、《元日唱和詩》、《勳德集》、《演皇帝所傳風後握奇陣圖》和《新唐書》的編撰。其中《武經總要》是曾公亮著作中最有建樹的軍事著作。

軍事大全:《武經總要》的知識結集

宋仁宗對這部兵書的編撰十分重視,在《武經總要》編撰完成後,他親自核定,然後又為此書寫了序言。

《武經總要》是曾公亮和丁度等人根據前人有關研製火藥、火器的經驗,總結整理寫出的,全書共四十卷,分前後兩集。每集 20 卷。

前集的前半部分介紹古今戰例,後半部分介紹陰陽占卜。

前集的二十卷詳細反映了宋代軍事制度,包括選將用兵、教育訓練、部隊編成、行軍宿營、古今陣法、通訊偵察、城池攻防、火攻水戰、武器裝備等,特別是在營陣、兵器、器械部分,每件都配有詳細的插圖,這些精緻的影像使得當時各種兵器裝備具體形象地展現出來,是關於古代兵器的極寶貴資料。

在前集的第十一和十二卷中,記錄了引火球、蒺藜火藥、毒藥煙球三種火藥配方。從這種火藥配方中的組配比率看,已和後來的黑色火藥相接近,具有爆破、燃燒、煙幕等的作用。這是世界上最早的火藥製造配方,它被軍事家們製成了火器應用於古代戰爭。

此外,書中還記載了中國製成的第一批軍用火器。當時製造的火器,主要是火球類和火箭類。火球類分火火球、引火球、蒺藜火球、霹靂火球、煙球和毒藥煙球等 8 種;火箭類有普通火箭和火藥鞭箭兩種。

智勇兼備—實戰心得

後集 20 卷輯錄有歷代用兵故事，其中保留了不少古代戰例資料，分析品評了歷代戰役戰例和用兵得失。

《武經總要》強調《孫子兵法》等兵書中用兵「貴知變」、「不以冥冥決事」的思想，書中還十分注重人在戰爭中的作用，主張「兵家用人，貴隨其長短用之」，注重軍隊的訓練，認為沒有膽怯的士兵和萎頓的戰馬，只是因訓練不嚴而使其然。

《武經總要》的產生並流傳，對後世產生了深遠的影響，它為古代軍事百科全書的編撰樹立了典範，成為後世編撰軍事百科全書的典範之作。書中相當一部分的內容，被《武編》、《兵錄》、《登壇必究》、《武備志》等軍事百科全書所轉錄吸納與融合。

《武經總要》也為兵要地誌的研究和著述開了先河。在《武經總要邊防》五卷中，兵要地誌的內容充滿於字裡行間，這為後世相關著述提供了極好的參考和借鑑。

還有，《武經總要》在論述攻城、守城、火攻、水攻、水戰及陸戰中所用戰車，戰船和各種戰具時，首次繪製了 150 多幅古樸的圖形，為研究宋代和宋代以前的軍事技術，提供了十分可貴的資料。

【旁注】

進士：中國古代科舉制度中，透過最後一級考試者。「進士」意為可以進授爵位之人。這個稱呼始見於《禮記·王制》。元、

明、清時，進士分為三甲：一甲3人，賜進士及第；二、三甲，分賜進士出身、同進士出身。

國子監：中國古代隋朝以後的中央官學，為中國古代教育體系中的最高學府，又稱國子學或國子寺。明朝時期行使雙京制，在南京和北京分別都設有國子監，設在南京的國子監被稱為「南監」或「南雍」，而設在北京的國子監則被稱為「北監」或「北雍」。

工部：中國封建時代中央官署名，為掌管營造工程事項的機關，是六部之一，六部是吏、戶、禮、兵、刑、工部。工部的長官稱為工部尚書，曾稱冬官、大司空等。

侍郎：漢代官員的一種，本為宮廷的近侍。東漢以後，尚書的屬官，初任稱郎中，滿一年稱尚書郎，三年稱侍郎。唐朝以後，中書、門下二省及尚書省所屬各部均以侍郎為長官的副手，官位漸高。

占卜：古代人們藉助龜殼、銅錢、竹籤等物品來推斷未來吉凶禍福的一種手法。由於古代原始民族對於事物的發展缺乏足夠的了解，因而藉助自然界的徵兆來指示行動。但自然徵兆並不常見，必須以人為的方式加以考驗，占卜的方法便隨之產生了。

蒺藜火球：中國最早的火藥兵器。火藥發明之後，就被逐步運用於各個領域，後來也用來製造兵器，蒺藜火球就是中國最

智勇兼備—實戰心得

早的火球兵器之一。蒺藜火球是在圓球外表布滿銳利尖刺，中間用火藥包裹許多鐵刃碎片，使用時，用拋石機或人力丟擲或者埋藏放置在敵人陣地上，引爆炸裂後，鐵刃碎塊四射，殺傷敵人。

《武備志》：明代大型軍事類書，是中國古代字數最多的一部綜合性兵書。明代茅元儀輯，240卷，文200,餘萬字，圖738幅，有明天啟元年本、清道光中活字排印本。

【閱讀連結】

曾公亮為人耿直，他對鄰國的無端生釁，總是針鋒相對，寸步不讓。在宋英宗統治時期，一次，契丹有信使賀來，按照慣例，朝廷應在紫宸殿賜宴迎接。但是當時英宗恰好身體有病，就命曾公亮前往驛館設宴歡迎這名信使。契丹使者認為這是破壞慣例，有失他們的尊嚴，因此不願即席。

曾公亮毫不客氣地說：「賜宴不赴，是對君命的不誠！人主不癒，要求其必親臨，居心何在？」使者聽了這入情入理的話，無言可答，只好乖乖就席。還有一次，西元1074年春，契丹派遣使者蕭禧來傳信：「代北對境有侵地，請遣使來共同分畫。」聞聽後，曾公亮在給神宗的疏奏中說道：「乞選將帥，整兵以待敵。」意思是挑選將帥，準備好精兵隨時給挑釁者迎頭痛擊。

固城之策：守城製械專書《守城錄》

　　西元 1072 年的一個夜晚，隨著「哇」的洪亮的哭聲，一個男孩降生於密州安丘一個普通人家，這家主人姓陳，男孩被取名陳規。陳規自小聰明好學，尤其喜歡軍事，遍讀古代各種兵書。

　　陳規的仕途不甚順利，1126 年，已經五十多歲的陳規以通直郎知德安府安陸縣事，簡單說，就是這一年才當上了安陸縣縣令。更令人沒有想到的是，還沒等坐熱知縣寶座，入侵的金兵就來到了眼前。

　　這一年，入侵的金兵殺死了鎮海軍節度使劉延慶，劉延慶的部下祝進、王在不但不組織將士反抗，反而率兵倉皇逃走，更令人生氣的是，他們還做了盜賊。

　　祝進和王在率兵攻打德安府，德安府的太守棄城逃跑，當地的老百姓一致擁戴陳規，懇請他擔任太守來執掌政事。陳規全力加強城防，改造城池，創製長竹竿火槍，改進拋石機，率領軍民堅守德安城。

　　陳規親自指揮作戰，連戰連勝，使敵人大敗，王在與祝進兩個人非常害怕，狼狽地帶著殘兵敗將逃走。

　　1127 年，陳規官至龍圖閣直事，德安府知府。李孝義、張

智勇兼備—實戰心得

世帶領步兵數萬人逼近城下,宣稱接受招安。陳規做事很謹慎,他親自登上城樓觀察敵人的陣營,回來後對部下說:「這是詐降,立刻準備迎戰。」

到了半夜的時候,李孝義的軍隊突然把城圍了個水洩不通,由於事先做好了準備,陳規指揮將士把敵人打得狼狽逃竄,大敗而歸。

陳規用兵很講究策略,能夠因事因人不同而採取不同的方法。有一次,賊寇楊進率領一部分人來犯,陳規的軍隊與他們相持十幾天沒有開戰。

因糧草接濟不上,軍心不穩,楊進黔驢技窮了,他帶著一百多人到達濠上向陳規求和。這時,陳規親自出城。他拉著楊進的手臂和他交談,楊進大為感動,他折斷箭柄,向陳規發誓永不來犯。

陳規立了一系列戰功,被擢升為祕閣修撰,不久又升為德安府、復州、漢陽軍鎮撫使,後又升為徽猷閣待制。

有一次,李橫率重兵來圍德安城,並修造天橋,填平壕溝,擊鼓進兵,逼近城下。陳規發動百姓,軍民聯手共同抵禦。面對損傷慘重的局面,陳規依然面不改色,顯示出了作為將領的超人氣魄。

被圍困得久了,城中糧食殆盡,陳規就拿出自己家的糧食分

給軍隊，士兵們非常感動，因而士氣大振。恰在此時，李橫令人修建的準備攻城用的濠橋出了故障，陳規抓住大好時機，他親自帶領人手持火槍從西門殺出，設法燒毀了濠橋。

陳規又派人將城裡的老牛全部牽到軍中，讓人在每頭牛的牛尾綁上易燃的蘆葦，在牛角上縛上兵刃。一天夜間，陳規令人將這些牛全部放出城，在出城之前，點染牛尾上的蘆葦草。頓時，無數的火牛衝向城外。

李橫精心營造的各種設施，頃刻間化為灰燼。李橫的軍隊死傷無數，不戰自敗。德安城轉危為安。

德安曾受亂軍九次侵犯，陳規率軍「九攻九拒，應敵無窮」。當時，在金軍大舉進攻下，中原各郡全部陷於金軍之手，唯有德安城仍然固守在宋軍之手。

陳規被調任順昌府知府，在順昌，陳規修整城牆，招募流亡兵士，組織抗金力量。一天，有人來報說有金兵來犯。陳規和將領劉錡一同登城布置軍事，分別命令各位將領守衛四門，並明確地指示有關人員，招募當地人作為嚮導和間諜。

布置完畢以後，金兵的遊騎兵已經逼近城下了。時間不長，金兵將領帶著重兵連續不斷地在城下集合。陳規指揮守城將士擊退了金兵的首波攻擊。

陳規認為：「敵人的意志屢次受挫，一定會想出奇巧來圍

智勇兼備──實戰心得

困我們，不如我們派潛兵去擾他們的陣營，使敵人晝夜不得休息，這樣我們就可以養精蓄銳了。」

陳規主義已定，果斷組織人馬奇襲金軍的營寨，金軍果然被拖得疲憊不堪。金兵趕緊向大帥兀朮告急，請求援兵。不久，兀朮帶兵來增援，並親自巡視地形。不久，金兵數十萬猛烈攻城，兀朮親自率領浮屠軍三千人左右游擊。

陳規與劉錡在城牆上來回巡視軍情，勉勵士氣。這個時候，正趕上酷暑炎炎的盛夏，陳規下命令：每天清晨，天氣比較涼爽的時候，堅守城門，閉門不出。等看到金兵在烈日中曝晒已久，一個個氣力疲乏，無精打采時，再出兵廝殺。這樣以逸待勞，最終取得了這次戰鬥的勝利。

陳規熟讀兵書，軍事造詣精深，在德安和順昌時，他撰寫了《靖康朝野僉言後序》和《守城機要》各一卷，沉痛總結了開封失陷和堅守德安的經驗，並充分闡述了他的軍事理論。

《守城機要》又名《德安守城錄》，簡稱《守城錄》。西元1172年，皇上下詔刻印陳規所著的《德安守城錄》頒行天下，作為其他將領的參考和借鑑。

《守城錄》全書由三部分組成，分別是陳規的《靖康朝野僉言後序》、《守城機要》和湯璹的《建炎德安守禦錄》。

湯璹字君寶，曾任德安府學教授、國子博士、大理寺少卿

固城之策：守城製械專書《守城錄》

等職，所著《建炎德安守禦錄》分上、下卷，追述了陳規固守德安之事。

《守城錄》三部分原各自成帙，寧宗以後合為一書，刊行於世。《守城錄》屬於城防專著，是陳規的軍事理論和守城的經驗結晶。其精隨集中在城池建築、守城器械的製造與使用、守城的戰法等方面。

陳規認為，宋軍之所以棄地失城，全在於統兵者守禦之術不善，有炮而不善用炮，更不善於以炮禦炮。因此，開封的失陷在於守城者不「善守」。

陳規具體分析了開封城失陷的原因後指出，開封城雖大而堅固，但沒有針對金軍的攻城器械的防禦措施，也沒有適當地改建城防設施，因而無法有效地阻止金軍的進攻。

他舉例說，金軍用拋石機擊砸城上女兒牆，如果守城者能及時將女兒牆加高、加厚，再用大木加固，也就不會造成大的傷亡。

還說，如果在開封城牆的內側，再挖一道深壕·建築一道裡城，即使金軍攻破第一道城牆，一時也無法填平城裡的深壕，攻上第二道城牆。此時，守軍便可以用城上眾多的守城器械，打擊攻城金軍，使其遭受重大傷亡，守城便可成功。

陳規不但對守城戰術和城池改建方面作出了精闢的論述，

智勇兼備—實戰心得

而且還對使用拋石機守城制敵的技術和戰術提出了創新的見解。

他在總結開封失陷教訓的基礎上，結合德安城防守的需求，提出了製炮用炮和加固城防的觀點：

攻守利器，皆莫如炮，攻者得用炮之術。則城無不拔。守者得用炮之術，則可以制敵。炮不厭多備，若用得術，城可必固。

陳規提出了很多訓練製炮用炮的措施，還要求平時要盯炮手放手進行拋射訓練，以便在戰時熟練地拋擊目標。

《守城錄》對後世影響較大，其很多內容被研究城防者所引用，而且在其影響下，城防專著也日漸增多，清代學者紀昀在編撰《四庫全書》時，將其收入「子部兵家類」中。乾隆皇帝曾為此書題詩一首：

攝篆德安固守城，因而失事論東京。陳規屢禦應之暇，湯躊深知紀以精。小縣傍州或可賴，通都大邑轉難行。四夷守在垂明訓，逮迫臨衝禍早成。

《守城錄》記載了「以火炮藥造下長竹竿火槍二十餘條」的事實，這是對最早管形火器的記載。在這最早的管形火器的基礎上，後來又發明了管形射擊火器和管形噴射火器，如突火槍、飛天噴筒。後來，又分別發展為各種金屬管形射擊火器火銃與各種噴筒。

固城之策：守城製械專書《守城錄》

【旁注】

節度使：中國古代官名，指地方軍政長官。設立地方軍政長官是從唐代開始的。因受職之時，朝廷賜以旌節，故稱節度使。節度使成為固定職銜是從西元711年4月以賀拔延嗣為涼州都督充河西節度使開始的。

龍圖閣：宋代閣名，是宋真宗紀念宋太宗的專門宮殿，位置在開封宮城，西元998～1003年建，主要收藏宋太宗御書、御制文集、各種典籍、圖畫、寶瑞之物，以及宗正寺所進宗室名籍、譜牒等。曾先後配置待制、直學士、直閣等官。

濠橋：古代攻城渡濠的器具。宋代濠橋的長短以濠為準，橋下面有四個大輪，前面兩個大輪，後面是兩個小輪，推入濠中，輪陷則橋平可渡。如果濠寬闊，則用折迭橋，就是把兩個濠橋接起來，中間有轉軸，用法也相同。

兀朮（？～1148年）：即完顏宗弼，本名斡啜，又作兀朮、斡出、晃斡出，女真族人，女真太祖完顏阿骨打第四個兒子，金朝名將、開國功臣，以有膽略，善射聞名。

詔：告訴、告誡之義，是天子下達臣屬的文體，屬於一種命令文體，分為即位詔、遺詔、表詔、伏詔、密詔、手詔、口詔等。這種命令文體開始於秦朝開國皇帝秦始皇，終於清朝。

女兒牆：一種建築專用術語，也叫女兒牆，原指在城牆上

智勇兼備—實戰心得

築起的牆堆，後特指房屋外牆高出屋面的矮牆。因為女子身形矮小，所以稱這種矮牆為「女兒牆」。

《四庫全書》：由乾隆皇帝親自組織學者編寫的中國歷史上一部規模最大的叢書。西元 1772 年開始彙編，經 10 年編成。叢書分經、史、子、集 4 部，故名「四庫」。該書共收錄古籍 3,503 種、79,337 卷、裝訂成 36,000 餘冊，保留了豐富的歷史文獻資料。

【閱讀連結】

陳規為人端重，性格堅毅，對外人很少言笑，然而待人卻十分隨和，平易近人。陳規常以忠義自許，樂善好施，賑濟窮人，他為官清廉，家中沒有多餘的財產。

陳規有一個女兒，他曾經為女兒找侍女，一次，他找到一個婦人做女兒的侍女。有一次，他偶然看見這名婦人舉止非常嫻雅端莊，不像一般人家的女孩。陳規感到奇怪就詢問她，才知道原來她是雲夢張貢士的女兒，由於戰亂，丈夫死了沒有依託，只能寄人籬下，討一口飯為生。機緣巧合做了侍女。陳規立刻停止了讓她做女兒的侍女，並把自己女兒的嫁妝拿出一部分分給她做嫁妝。

致勝關鍵——用兵之道

　　明清時期,屬於「多事之秋」,戰亂一直沒有真正停息,可以說此起彼伏,也由於此,兵學興盛。明朝初年,朝廷十分重視武備,也比較重視對兵學資料的蒐集整理,朝廷曾下令「求四方遺書,設祕書監」,兵部還曾奉命將武經七書發給武職官員學習。清朝雖然對兵書查禁較嚴,但兵學亦有所發展。

　　總體來看,明清時期的兵學是在複雜鬥爭中曲折前進的。為了適應客觀需求,軍事理論家和兵學家根據社會生產的發展,對軍事理論和軍事裝備也提出了新的要求。守城保寨的思想和開拓進取的思想參差其中,兵學謀略也表現出與時俱進的特色,映射出了那個時代應有的智慧之光。

致勝關鍵─用兵之道

謀略傳奇：劉基《百戰奇略》

　　西元1311年7月，一個男孩降生於浙江青田縣南田鄉一家農戶，男孩被取名為劉基。小劉基自幼聰慧過人，而且十分好學。他讀書的速度極快，據說可以一目七行。12歲時便考中了秀才，鄉間父老都稱他為「神童」。

　　西元1324年，14歲的劉基進入郡庠讀書。讀書時，他跟老師學《春秋》。這是一部晦澀深奧、言簡意賅的儒家經典，很難讀懂，尤其初學童生一般只是捧書誦讀，不解其意。

　　但是劉基卻不同，他不僅默讀兩遍便能背誦如流，而且還能根據文義，發微闡幽，言前人所未言。老師大為驚訝，以為他曾經讀過，便又試了其他幾段文字，劉基都能過目而識其要。老師十分佩服，暗中稱道：「真是奇才，將來一定不是個平常之輩！」

　　西元1327年，劉基進入郡庠的第三年就離開了那裡，跟隨處州名士鄭復初學程朱理學，接受儒家經世致用的教育。劉基的過人聰慧又一次打動了老師。鄭復初在一次拜訪中對劉基的父親讚揚說：「您的祖先積德深厚，庇蔭了後代子孫。這個孩子如此出眾，將來一定能光大你家的門楣。」

劉基博覽群書，諸子百家無一不覽，尤其對天文地理、兵法數學，更有特殊愛好，潛心鑽研揣摩，很快就十分精通。

有一次，他探訪程朱理學發端之地徽州，得知歙縣南鄉的六甲覆船山有一本《六甲天書》，便祕密地前往覆船山探祕，他在這裡發現了一本叫《奇門遁甲》的書。

這本書使他掌握了豐富的奇門鬥數知識。劉基更為有名了，家鄉的人都把他和三國時蜀國丞相諸葛亮和唐朝名相魏徵相比，都說他有孔明和魏徵之才。

西元1333年，23歲的劉基赴元大都參加會試，一舉考中進士。西元1336年，劉基被朝廷授為江西高安縣丞。在任上，他勤於職守，執法嚴明，很快就做出了政績，因此受到當地百姓的愛戴。

此後，劉基陸續擔任了大大小小的官，由於受小人的排擠，劉基對當官失去了興趣，遂辭官隱居起來，過起了愜意的世外桃源生活。

元朝末年，反抗元朝統治的運動風起雲湧，在眾多的起義隊伍中，以朱元璋為首的起義隊伍勢力很大，並受到人們的擁護。劉基順應時勢，輔佐朱元璋推翻了元朝的統治，建立了大明朝，為建立新王朝立下了汗馬功勞。朱元璋多次稱劉基為「吾之子房也」。

致勝關鍵─用兵之道

劉基極富文才武略,他上知天文,下知地理,前知八百年,後知五百載,以神機妙算、運籌帷幄著稱於世,他有極高的文采,寫有很多有名的文章,著作有《郁離子》、《寫情集》、《春秋明經》等。

在軍事方面,傳奇兵法著作《百戰奇略》出自他手。《百戰奇略》是一部兵學奇書,它不僅繼承了中國古代軍事思想的精華,而且對某些問題有一定發展。比如,關於速戰速決和持久防禦的作戰原則問題,《百戰奇略》認為,在我強敵弱、我眾敵寡,勝利確有把握的情況下,對來犯之敵,要採取速戰速決的進攻戰。但在敵強我弱、敵眾我寡,勝利無把握的情況下,則應採取持久疲敵的防禦戰。

這種能夠根據敵我力量對比的實際不同情況採取不同作戰原則的指導思想,比《孫子兵法》單純強調的「兵聞拙速,未睹巧之久」的速勝論主張,無論在認知上,還是在實踐上,都有所拓展。

《百戰奇略》不僅繼承和發展了古代的軍事思想,而且蒐集和存錄了大量古代戰爭戰例資料。在一百多種戰例中,規模較大、影響較深、特點鮮明的戰例有:齊魯長勺之戰、泓水之戰、城濮之戰、笠澤之戰、馬陵之戰、即墨之戰、遼東之戰、漠南之戰等。

軍事上的許多矛盾現象都是相反相成的,《百戰奇略》從強

與弱、眾與寡、虛與實、進與退、攻與守、勝與敗、安與危、奇與正、分與合、愛與威、賞與罰、主與客、勞與佚、緩與速、利與害、輕與重、生與死、飢與飽、遠與近、整與亂、難與易等正反兩方面，提出在不同情況下，要採取不同的作戰原則和作戰方法。

《百戰奇略》從戰爭千變萬化這一客觀實際出發，已經觸及到矛盾的雙方既相互依存，又在一定條件下相互轉化的規律。如，它在對「勝與敗」這對矛盾現象的對比分析中，已經寫到勝利中潛藏著失敗的種子，失敗中包含勝利的因素，勝與敗將在一定的條件下相互轉化的規律性。

它進一步認為，打了勝仗之後「不可驕惰，當日夜嚴備以待之」，如果「恃己勝而放佚」，就會反勝為敗。

《百戰奇略》還說到，轉敗為勝的條件，就是接受教訓，認真備戰和正確的作戰指導。

《百戰奇略》認為，「眾與寡」這種矛盾的形勢，在一定的條件下也是相互轉化的。它指出，在敵眾我寡的形勢下作戰，只要我充分發揮主觀能動性，實施正確的作戰指示，採取「設虛形以分其勢」的「示形惑敵」戰法，就可以使敵人兵力分散，創造有利於己的形勢。

在對「生與死」這對矛盾的分析中，《百戰奇略》認為，對敵作戰中，如果「臨陣畏怯，欲要生，反為所殺。」意思是說，作

致勝關鍵─用兵之道

戰中如果貪生怕死,就有失敗被殺的危險。

反之,如果能夠「絕去其生慮,則必勝」。意思是說,作戰中如果抱定必死決心而戰,就一定能獲得勝利而生存。

可見,《百戰奇略》已經寫到,生與死在一定的條件下也是相互轉化的。貪生怕死,是由生存向死亡轉化的條件;而英勇奮戰,則是由死亡向生存轉化的條件。這無疑是符合辯證觀點的正確結論。

《百戰奇略》分十卷,一卷分:〈計戰〉、〈謀戰〉、〈間戰〉、〈選戰〉、〈步戰〉、〈騎戰〉、〈舟戰〉、〈車戰〉、〈信戰〉、〈教戰〉;二卷分:〈眾戰〉、〈寡戰〉、〈愛戰〉、〈威戰〉、〈賞戰〉、〈罰戰〉、〈主戰〉、〈客戰〉、〈強戰〉、〈弱戰〉。

卷三分:〈驕戰〉、〈交戰〉、〈形戰〉、〈勢戰〉、〈晝戰〉、〈夜戰〉、〈備戰〉、〈糧戰〉、〈導戰〉、〈知戰〉;卷四分:〈斥戰〉、〈澤戰〉、〈地戰〉、〈山戰〉、〈谷戰〉、〈攻戰〉、〈守戰〉、〈先戰〉、〈後戰〉。

卷五分:奇戰〉、〈正戰〉、〈虛戰〉、〈實戰〉、〈輕戰〉、〈重戰〉、〈利戰〉、〈害戰〉、〈安戰〉、〈危戰〉;卷六分:〈死戰〉、〈生戰〉、〈飢戰〉、〈飽戰〉、〈勞戰〉、〈佚戰〉、〈勝戰〉、〈敗戰〉、〈進戰〉、〈退戰〉。

卷七分:〈挑戰〉、〈致戰〉、〈遠戰〉、〈近戰〉、〈水戰〉、〈火

戰〉、〈緩戰〉、〈速戰〉、〈整戰〉、〈亂戰〉；卷八分：〈分戰〉、〈合戰〉、〈怒戰〉、〈氣戰〉、〈逐戰〉、〈歸戰〉、〈不戰〉、〈必戰〉、〈避戰〉、〈圍戰〉。

卷九分：〈聲戰〉、〈和戰〉、〈受戰〉、〈降戰〉、〈天戰〉、〈人戰〉、〈難戰〉、〈易戰〉、〈離戰〉、〈餌戰〉；卷十分：〈疑戰〉、〈窮戰〉、〈風戰〉、〈雪戰〉、〈養戰〉、〈畏戰〉、〈書戰〉、〈變戰〉、〈好戰〉、〈忘戰〉。

《百戰奇略》是一部以論述作戰原則和作戰方法為主旨的古代軍事理論專著，在古代軍事思想和軍事學術發展中占據著重要位置，從其產生以來，就為兵家所重視和推崇，給予很高評價，並一再刊行，廣為流傳。

後代軍事理論家對《百戰奇略》都讚譽有加，稱該書是「極用兵之妙，在兵家視之，若無餘策」。認為只要「握兵者平時能熟於心，若將有事而精神籌度之，及夫臨敵，又能相機而應之以變通之術」，那就可成凱奏之功」。

【旁注】

秀才：原本指稱才能秀異之士，是一種泛稱，並不限於飽讀經書之人。及至漢晉南北朝，秀才變成薦舉人才的科目之一。唐初科舉考試科目繁多，秀才只是其中一科，不久即廢除。與此同時，秀才也習慣地成了讀書人的通稱。

春秋經：就是《春秋》，因為《春秋》被列為「四書五經」中的「五經」之一，當《春秋》與《左傳》合編時，《春秋》的內容稱為「經」，《左傳》的部分稱為「傳」。《春秋》是儒家典籍，是魯國的編年史，據傳是由儒家創始人孔子修訂的。

程朱理學：亦稱程朱道學，有時會被簡稱為理學，是宋明理學的一派，是宋朝以後由程顥、程頤、朱熹等人發展出來的儒家流派，該學派認為理是宇宙萬物的起源，而且人性是善的。

會試：金、元、明、清四代科舉考試名目之一。所謂會試者，共會一處，比試科藝。由禮部主持，在京師舉行考試。應考者為各省的舉人及國子監監生，錄取者稱為「貢士」，第一名稱為「會元」。

齊魯：既是一種文化概念，還是一種地域概念。戰國末年，隨著民族融合和人文同化的基本完成，齊、魯兩國文化也逐漸融合為一體。西元前256年，魯國被楚國所滅，西元前221年齊國為秦國所滅。因為文化的一體，「齊魯」形成一個統一的文化圈，由統一的文化圈形成了「齊魯」的地域概念。

布政使：古代官名。明初沿元制，於各地置行中書省。明洪武九年，即西元1376年撤銷行中書省，以後陸續分為十三個承宣布政使司，全國府、州、縣分屬，每司設左、右「布政使」各1人，與按察使同為一省的行政長官。

謀略傳奇：劉基《百戰奇略》

【閱讀連結】

　　《百戰奇略》與《武經七書》，特別是與《孫子兵法》有緊密的淵源關係。該書所援引的百條古代兵法，有八十七條出自宋神宗元豐三年，即 1080 年朝廷頒定的《武經七書》，而其中引自《武經七書》之首《孫子兵法》的達六十條之多，占全書所引古代兵法總條數的百分之六十，占所引《武經七書》條數的百分之六十九。可見，說《百戰奇略》「以《孫子兵法》為經」，是符合實際情況的。

　　由此還可以進一步看出，《百戰奇略》「以《孫子兵法》為經」的著述目的在於講解以《孫子兵法》為首的《武經七書》兵家經典，但是，《百戰奇略》的可貴之處，不僅在於它「以《孫子兵法》為經」而繼承了孫子思想，而且更在於它對孫子思想還有某些拓展。

致勝關鍵──用兵之道

兵法再編：唐順之博採眾長成《武編》

西元 1507 年，唐順之出生在江蘇常州青果巷的一個名門望族，祖父唐貴是進士出身，任戶部給事中，父親唐寶也是進士出身，任河南信陽與湖南永州府知府。

唐順之很小的時候，就受到了父親和母親對他的嚴加管教，寫字如不端正就會捱打。如果出去玩回家晚了，母親也會時常責備他。

唐順之很貪玩，但天生聰明，且極具個性又特立獨行的人。和喜歡玩耍一樣，唐順之也十分喜歡讀書。父母望子成龍，替唐順之找來了名師為其輔導。

時間如梭，轉眼間，唐順之 23 歲了，這一年，唐順之參加了每三年在京城舉辦一次的會試，並在這次會試中榮登榜首。會試的結果令他和家人都倍感驕傲，十分興奮。

這次會試的主考官是當朝禮部尚書兼文淵閣大學士張璁，他看了唐順之的文章十分欣賞，為朝廷能收羅到唐順之這樣的人才十分高興，他想利用他的權力提拔唐順之到翰林院為官。

可是令他沒有想到的是，這個初入仕途的讀書人，在官場面前顯得十分謹慎，他婉言謝絕了張璁的知遇與栽培，按部就

兵法再編：唐順之博採眾長成《武編》

班地去兵部任職。這令張璁不免感到十分掃興。

西元1533年，唐順之被調入翰林院任編修。因與主管官員張璁性格不投，便以生病為由，請假回家。張璁一開始沒有准許，這時有人私下告訴張璁說「唐順之一直不願在你的手下做事，一直要疏遠你，你又何必苦留他！」張璁一怒之下準其還鄉，並表示永不再讓他當官。

唐順之雖然離開官場，但作為一個有責任感的知識分子，他決心退下來潛心讀書，以便在國家需要時再出來貢獻自己的力量。

唐順之隱居後，閉門謝客，把時間和精力都用於鑽研《六經》、《百子史氏》和《國朝故典律例》等古籍之中，晝夜研究，忘寢廢食。此外，他還深入研究算學、天文律歷、山川地誌、兵法戰陣等知識。

吃得苦中苦，方為人上人，唐順之在簡陋的茅舍裡，冬天不生火爐，夏天不搧扇子；出門不坐轎子；一年只做一件布衣裳；一個月只能吃一回肉。

他要用這種苛刻的辦法使自己擺脫各種物質欲望的引誘，以求使自己的內心更加平靜，更加能夠把精力和注意力傾注到各種研究上來。

明嘉靖年間，明朝廷武備廢弛，將帥戰備意識不強，領兵

訓練時，也漫不經心，兵士也養成了懶惰散漫的習性，參加戰鬥時，將士矇頭縮項，膽落神悸，毫無戰鬥力。

那個時候，日本正處於割據分裂的「戰國」時代，日本內戰中的殘兵敗將便糾集武士、浪人及奸商，武裝掠奪中國的東南沿海一帶，被當地人民稱為倭寇。

明政府抵抗不力，明朝的軍隊沒有力量對入侵的倭寇展開有力的反擊，唐順之看在眼裡，急在心上，他氣憤得吃不下飯，睡不著覺。他常常皺著眉頭慨嘆地說：「老百姓遭受橫禍，等於用刀子剮我的肉，對於死難的父老鄉親，我怎樣才能給他們慰藉呢？」

受命指揮打擊倭寇的將軍趙文華知道唐順之極有才學，不但滿腹經綸，而且有治國平天下的大志，更為重要的是通曉軍事，他決定請唐順之出山組織抗倭。當時舉薦唐順之出山的奏摺達 50 餘件之多。

由此，唐順之回到兵部復職後，首先到京師附近的練兵基地薊鎮，制定了整頓軍隊的方案，然後與總督胡宗憲商議討賊禦寇的策略。他主張在海上截擊倭寇的兵船，不讓倭寇登陸。

唐順之決定親自下海去體驗一下海上的生活。他的船從江蘇的江陰駛向蛟門大洋，一晝夜走了六七百里，跟隨他前往的人在風浪中或驚駭萬狀，或嘔吐不止，可是他卻意氣風發鎮定自若。

兵法再編：唐順之博採眾長成《武編》

唐順之在海風怒吼、驚濤駭浪的海上，把躲藏在港灣內不盡職守的將官們按照軍紀法辦，對嚴守職位的將士則予以重賞。嚴懲之下，駐守海防的將士們再也不敢怠忽職守了。

唐順之的到來很快扭轉了明軍頹廢不振的局面，為擊潰倭寇奠定了有力的基礎。唐順之一直戰鬥在抗倭前線。唐順之所在之處，倭寇見其軍容嚴整不敢出戰。

為了振興頹廢的武備，唐順之從歷代兵書及其他史書中輯錄對於武備有所裨益的資料，可以說「一切命將馭士之道，天時地利之宜，攻戰守禦之法，虛實強弱之形，進退作止之度，間諜祕詭之權，營陣行伍之次，舟車火器之需」都在唐順之蒐集之列。

在此基礎上，唐順之編撰了《武編》一書。全書分前後二集，共十二卷。前集六卷，五十五門；後集六卷，一百三十四門。

《武編》前集主要輯錄有關兵法理論方面的資料，內容包括將帥選拔、士伍訓練、行軍作戰、攻防守備、計謀方略、營制營規、陣法陣圖、武器裝備、人馬醫護等等。

後集全部是用兵實踐，主要是從古代史籍中擷取有關治軍和用兵的故事，以為借鑑。

《武編》採集資料的範圍比較廣泛，從《武經七書》、《太白陰經》、《虎鈐經》、《武經總要》、《續武經總要》等兵法典籍到

致勝關鍵──用兵之道

漢唐以來的名臣奏議,都有所採集。

《武編》保留了一些其他兵書很少記載的資料,如農民起義領袖孫恩曾經用過的演禽戰法等,《武編》還輯錄當朝的有關軍事資料,如前集卷一詳盡地輯錄了明永樂十二年制定的賞罰條令;前集卷四輯錄了趙本學、俞大猷有關陣法的資料,尤其是輯錄了當時被稱為「稱戰」的戚繼光鴛鴦陣。

它對軍事技術問題的論述,則側重於對傳統火藥理論,以及諸多火器的形制構造與使用方法的闡發,有相當一部分內容被後世的兵書所轉錄。另外,它還輯錄反面戰例資料,作為反面教材。

《武編》出自有軍事經驗又有歷史知識的學者之手,加之專為振興明廷武備而作,因此具有一定的現實意義和史料價值。《四庫全書總目提要》評論說:「是編雖紙上之談,亦多由閱歷而得,固未可概以書生之見目之矣。」

【旁注】

戶部:中國古代官署名,為掌管戶籍財經的機關,六部之一,六部為吏、戶、禮、兵、刑、工部。戶部起源於周代官制中的的地官。戶部的長官稱為戶部尚書,曾稱地官、大司徒、計相、大司農等。

文淵閣:清宮藏書樓,乾隆四十一年,即西元1776年建成。

兵法再編：唐順之博採眾長成《武編》

乾隆三十八年，即西元 1773 年皇帝下詔開設「四庫全書館」，編撰《四庫全書》。西元 1174 年下詔興建藏書樓，位置在故宮東華門內文華殿後，用於專儲《四庫全書》，這個藏書閣就叫文淵閣。

《六經》：指六部儒家經典，始見於《莊子・天運篇》，是指經過孔子整理而傳授的六部先秦古籍，分別是：《詩經》、《尚書》、《儀禮》、《樂經》、《周易》、《春秋》。其中《樂經》已失傳，所以通常稱「五經」。

奏摺：古代重要官府文書之一，也稱摺子、奏帖或摺奏，是各級政府呈遞給皇帝的檔案。它始用於清朝順治年間，以後普遍採用，康熙年間形成固定制度。至清亡廢止，歷時兩百餘年。

兵部：中國古代官署名，又稱夏官、武部，掌管選用武官及兵籍、軍械、軍令等的機關，吏、戶、禮、兵、刑、工六部之一，其長官稱為兵部尚書，又稱夏卿。

《武經七書》：北宋朝廷作為官書頒行的兵法叢書，是中國古代第一部軍事教科書。它由《孫子兵法》、《吳子兵法》、《六韜》、《司馬法》、《三略》、《尉繚子》、《李衛公問對》七部著名兵書彙編而成。《武經七書》集中了古代漢族軍事著作的精華，是中國軍事理論殿堂裡的瑰寶。

致勝關鍵—用兵之道

【閱讀連結】

唐順之文才武略皆備，倭寇的頭子對唐順之恨之入骨，他重金聘請刺客謀殺唐順之。一天深夜，唐順之正在寫字，忽然一個穿黑衣手執利刀的人閃進屋內。唐順之對黑衣人說「你是誰？何故深夜前來？」

「唐順之，你不必問我何人，今天就是來取你的性命！」

「既然這樣，好吧，能否容我把這張紙寫完呢？」刺客對唐順之說：「念你是讀書人，就讓你多活一刻，把這張紙寫完了吧！」唐順之神色自若，提著鬥筆飽蘸濃墨依然揮毫如飛，正當刺客看得入神時，突然，唐順之閃電似地將筆往刺客喉間擲去。「哎……」刺客「呀！」都來不及出口，身體往後便倒，手中的利刀「噹啷」一聲墜落在地上，原來唐順之把渾身的力氣全運到這筆尖上，輕輕一擲就有千鈞之力。

海防抗倭：戚繼光的實戰兵法

　　西元 1528 年，戚繼光生於山東濟寧一個武將家庭。戚繼光自幼就顯示出非凡的一面，他與很多孩子不一樣，他很喜歡讀書，讀了很多儒家和兵學方面的書，特別對軍事有出異乎尋常的興趣。

　　西元 1544 年，17 歲的戚繼光子承父業，任登州衛指揮僉事。兩年後，戚繼光被批准負責管理登州衛所的屯田事務。

　　這個時候，倭寇更加囂張了，武裝掠奪中國的東南沿海一帶，帶給了東南沿海一帶的漁民及其他百姓極大的危害。山東沿海一帶也遭受了倭寇的入侵。

　　戚繼光眼看著同胞生活在危難之中，心急如焚，他立志殺賊，於是寫下了表達自己意願的詩句：

小築漸高枕，憂時舊有盟。

呼樽來揖客，揮塵坐談兵。

雲護牙籤滿，星含寶劍橫。

封侯非我意，但願海波平。

　　西元 1553 年，戚繼光受張居正的推薦，升任都指揮僉事一職，管理登州、文登、即墨三營二十五個衛所，防禦山東沿海

致勝關鍵—用兵之道

的倭寇。

戚繼光抗倭的心願終於有了一個可以實現的機會,他決定傾盡全力,以牙還牙,以血還血,痛擊入侵的倭寇。

山東沿海防線自江蘇、山東交界處,一直延伸到山東半島的北端,長達幾千公里。海防線這麼長,而衛所的兵力又有限,如何設防才好呢?戚繼光開動腦筋,思謀良策。他透過和當地官員、百姓,特別是漁民們交談,了解到一年之中倭寇活動最猖獗的時間是在3、4、5月和9、10月間,又了解到這幾個月間的一般氣候和風向,以及船隻可能停靠的地方。

在了解到倭寇活動規律之後,戚繼光便按照時間和地段重點設防,同時,整頓衛所,加強訓練,嚴肅紀律提高戰鬥力,這樣固守了山東海防線,倭寇很久不敢來此竄擾。

兩年後,西元1555年,戚繼光被調往浙江都司僉事,並擔任參將一職,防守寧波、紹興、臺州三郡。

浙江地區倭患嚴重,戚繼光一到任上,見軍隊水準不良,於是向上司提出「招募新兵,親行訓練」的建議。在得到批准後,戚繼光親自到義烏、金華等地招募農民、礦工3,000餘人,組成新軍,稱「戚家軍」。

戚繼光自己訓練這支隊伍,經過嚴格訓練,這支軍隊成為熟悉軍紀、法度、熟練手中兵器,能夠奮勇作戰的隊伍。戚繼

海防抗倭：戚繼光的實戰兵法

光根據南方多沼澤的地理特點制定陣法，又替這支隊伍配備火器、兵械、戰艦等裝備。

戚繼光訓練義烏兵，完全廢棄了明軍原來的衛所編制和舊的作戰規則，新創立了以鴛鴦陣為基礎的編制和作戰方法。鴛鴦陣的編制是古代軍事史上劃時代的一個創舉。此陣法按照兵器協同的需求組成，根據需求還可臨時變化，使得軍隊基礎單位的戰鬥力大大提高。

在練兵期間，戚繼光有感於練兵的重要性和迫切性，總結自己的練兵和帶兵打仗的經驗，編撰成一部兵書《紀效新書》。這部兵書既是他在浙江練兵、作戰的經驗總結，同時也是此後抗倭戰爭中練兵、作戰的指導原則。

西元 1561 年 5 月，倭寇大舉進攻桃渚、圻頭等地，戚繼光率領戚家軍扼守桃渚，於龍山大破倭寇，戚繼光率軍一路追殺潰敗的倭寇至雁門嶺。

逃走的倭寇趁臺州空虛攻占了臺州，戚繼光又率領戚家軍採取機動靈活的策略戰術，運用偷襲、伏擊等戰法，將倭寇打得暈頭轉向，殲敵 6,000 餘人。

臺州大捷後，戚繼光官升三級。而後，閩、廣一帶的倭寇流入江西一帶作亂，總督胡宗憲無法平定，於是讓戚繼光來增援，戚繼光率領戚家軍於上坊巢將倭寇擊退。

致勝關鍵—用兵之道

之後，戚繼光又率軍轉戰福建，與巡撫譚綸、總兵俞大猷等人通力合作，迎頭痛擊入侵的倭寇，經過幾次戰鬥，基本殲滅了入侵的倭寇，平定了閩、粵沿海的倭患。

西元1568年，戚繼光以都督同知總理薊州、昌平、保定三鎮練兵，在練兵期間，他總結自己的練兵實踐經驗，並將其和自己多年的兵法思想融為一體，開始撰寫一部兵書，就是後來的《練兵實紀》。

經過3年的筆耕不輟，戚繼光在西元1571年終於將這部兵書寫作完成。這部兵書既吸收南方練兵的經驗，又結合北方練兵的實際，其練兵思想較《紀效新書》又有所進步。

《紀效新書》和《練兵實紀》都是戚繼光練兵經驗和兵學思想的結合，《紀效新書》原本十八卷，卷首一卷。

《紀效新書》總序中的「公移」緊密結合東南沿海的地形、我情與倭情，論述了練兵的必要性和重要性，提出了一套較為完整的練兵理論和計畫。《紀效或問》則申明和辯論重要問題，尤其是最急需解決的事情，以防疑惑不解。

正文十八卷詳細而又具體，他講述了兵員的選拔和編伍、水陸訓練、作戰和陣圖、各種律令和賞罰規定、諸種軍誡兵器及火藥的製造和使用、烽堠報警和旗語訊號等軍隊作戰的各個方面，並有大量形象逼真的兵器、旗幟、陣法、習藝姿勢等插圖。

此外，書中還詳細記述了戚繼光發明的鴛鴦陣，即一種以牌為前導，筅與長槍，長槍與短兵互防互救，雙雙成對的陣法。以及鴛鴦陣的變體「三才陣」。該陣法組成人數更少，用於衝鋒時追殲敵軍。

《紀效新書》十分重視選兵，開篇第一句話就是「兵之貴選。」對於選兵的具體標準，可定為「豐偉」、「武藝」、「力大」、「伶俐」四條，戚繼光認為這四條選兵標準可視具體情況靈活變通。

在練兵方面，《紀效新書》特別強調按實戰需求從難從嚴訓練，反對只圖好看的花架子，並批評不按實戰需求的訓練方法是「虛套」，說不按實戰需求的訓練方法「就操一千年，便有何用，臨時還是生的。」

《紀效新書》要求將帥不僅要有帶兵制敵的文韜武略，而且要精通各種技藝，要當士卒的表率；不僅戰時與士卒患難與共，而且平時也要處處與士卒同甘共苦。

《紀效新書》特別強調賞罰在治軍中的作用，主張賞罰要公正，賞不避仇，罰不避親。平時的冤家，立功時也要賞，有患難也要扶持照顧；若犯軍令，就算是親子姪，也要依法施行。

《紀效新書》重視兵器在戰爭中的作用，《長兵篇》書中以大量篇幅記述了各種兵器的製造、形制、樣式、作用、習法等，並對長短兵器的使用進行了較為深入的探討。

《紀效新書》所述內容具體實用，既是抗倭中練兵實戰的經驗總結，又反映了明代訓練和作戰的特點，尤其是反映了火器發展一定階段上作戰形式的變化，具有高度的軍事價值。

和《紀效新書》一樣，《練兵實紀》的內容也十分廣泛，涉及兵員選拔、部伍編制、旗幟金鼓、武器裝備、將帥修養、軍禮軍法、車步騎兵的編成保結及其同訓練等建軍、訓練和作戰的各個方面。

《練兵實紀》可分為練卒和練將兩大部分。正集 9 卷，附雜集 6 卷。九卷九篇共二百六十四條，具體篇目是：〈練伍法第一〉、〈練膽氣第二〉、〈練耳目第三〉、〈練手足第四〉、〈練營陣第五〉、〈練營陣第六〉、〈練營陣第七〉、〈練營陣第八〉、〈練將第九〉。

後附雜集六卷六篇：〈儲練通論〉、〈將官到任寶鑑〉、〈登壇口授〉、〈軍器解〉、〈車步騎營陣解〉。書前還冠有「凡例」即「分給教習次第」共十五條，記述了將、卒各自應學習的內容、標準，教材發放辦法，督促學習的措施等。

《練兵實紀》問世後，受到重視，流傳很廣，有眾多的抄本和刻印本，多種叢書亦將其收錄。後世統兵將領多將此書作為訓練部隊的教科書。

【旁注】

衛所：明朝軍隊編制實行「衛所制」。軍隊組織有衛、所兩級。一府設所，幾府設衛。各府縣衛所歸各指揮使司都指揮使管轄，各都指揮使又歸中央五軍都督府管轄。

張居正（西元 1525 年～1582 年）：字叔大，號太嶽，漢族，明朝湖廣江陵人，因此又稱張江陵。張居正是明朝中後期政治家、改革家，萬曆時期的內閣首輔，輔佐萬曆皇帝進行了「萬曆新政」。

參將：明代鎮守邊區的統兵官員，職位次於總兵、副總兵。明、清時期漕運官設定參將，協同督催糧運。清代河道官的江南河標、河營都設定參將，掌管調遣河工、守汛防險等事務。清代京師巡捕五營，各設參將防守巡邏。

巡撫：古代官名，明清時地方軍政大員之一，又稱撫臺，屬於巡視各地的軍政、民政大臣。巡撫以「巡行天下，撫軍按民」而得名。在北周與唐初均有派官至各地巡撫的事，但為臨時差遣，「巡撫」亦未成為官名。

烽堠：即烽火臺，又稱烽燧、煙墩、墩臺，古時用於點燃煙火傳遞重要消息的高臺，是古代重要軍事防禦設施，是為防止敵人入侵而建的，遇有敵情發生，則白天施煙，夜間點火，臺臺相連，傳遞消息。

致勝關鍵──用兵之道

萬曆：明神宗朱翊鈞的年號，明朝使用此年號共 48 年，從西元 1573 年到 1620 年，為明朝所使用時間最長的年號。萬曆前期，張居正主導實行了一系列的改革措施，社會經濟持續發展，對外軍事也接連獲勝，朝廷呈現中興氣象，史稱萬曆中興。

抄本：按原書抄寫的書籍。習慣上，唐朝以前的按原書抄寫的書籍稱寫本，唐朝以後按原書抄寫的書籍稱抄本。現存最早的抄本書是西晉元康六年寫的佛經殘卷。抄本常因是名家手跡，接近原稿，保留完整等原因，十分珍貴。

【閱讀連結】

戚繼光立志將倭寇趕出國門，在抗倭過程中，他嚴格執法，鐵面無私，六親不認，一次他率領戚家軍在海門一帶抗倭。一次，3,000 多名倭寇在海門沿海上岸，準備去臨海、仙居一帶搶劫。戚繼光命令兒子戚印領兵在雙港與城西交界的花冠巖一帶埋伏，自己出兵佯敗，把倭寇引到上界嶺，等倭寇全部進入包圍圈後，再兩軍夾擊，一舉全殲。

結果戚印年輕氣盛，交戰心切，沒等倭寇全部進入包圍圈就下令擂鼓衝鋒，結果讓一部分倭寇逃脫了。戚繼光回營升帳，因戚印沒按照軍令行事，下令推出去斬首。陳大成等將領跪在地上要求從寬處罰，留他一條性命將功贖罪。戚繼光不答應，說：「我是一軍主帥，如果我的兒子犯了軍令可以不殺，以

海防抗倭：戚繼光的實戰兵法

後還怎麼帶兵？軍中的命令還有誰去執行？」於是，就在白水洋上街水井口這個地方，戚繼光將親生兒子戚印正法。

致勝關鍵—用兵之道

武備全書：茅元儀著述《武備志》

　　西元 1594 年，茅元儀出生於浙江吳興一個書香門第家庭。祖父茅坤是當時著名的文學家，父親矛國縉是當朝的工部郎中，可謂出身官宦之家。在家庭的薰陶下，茅元儀自幼勤奮好學，博覽群書，尤其喜歡讀兵書，對歷代兵書可以說熟讀百遍。

　　小茅元儀心地善良，富有同情心，十歲那年，家鄉吳興遭受了異常大災，太守在召集官吏及富戶議論救災時，竟然無人響應。茅元儀見此情況，隨即請求父親將家裡儲藏的數萬石糧食，全部救濟給災民，為此，災民萬分感謝。

　　茅元儀成年後，更加勤奮學習，那時他已經熟諳軍事，胸懷韜略。他對長城沿線的「九邊」之關隘、險塞，都能口陳手畫，瞭如指掌，這份能力叫那些帶兵打仗的將領們交口稱讚。

　　正當茅元儀立志報國之時，東北建州女真族崛起，其首領努爾哈赤於西元 1616 年，在赫圖阿拉建立後金政權，自稱大汗，建元「天命」。

　　兩年後努爾哈赤以「七大恨」為藉口，興師討伐明朝，一時之間，遼東地區戰火紛飛，戰亂四起。當時，明朝廷的大權被一夥閹黨把持，這夥閹人不學無術，結交奸佞，排除異己，致

使明朝國運衰落。受此影響,明朝軍隊戰鬥力低下,幾無還手之力。

在後金軍隊的猛攻下,明朝軍隊全線潰敗,明軍戰敗的消息不斷傳來,朝廷內外為之震驚。茅元儀也十分焦急,他跟隨大學士孫承宗在遼東地區監察明軍戰備和作戰情況,還與同僚鹿善繼、袁崇煥、孫元化等人一起,在山海關內外考察地形,研究敵情,協助孫承宗作戰,抵禦後金的進攻,並到江南籌集戰艦,加強遼東水師,提高明軍的戰鬥力。

在孫承宗指揮下,明軍在遼東地區收復了九城四十五堡,茅元儀也因功勳卓著,被舉薦為翰林院待詔。

面對明朝軍隊武備鬆弛不振的局面,茅元儀於焦急憂憤之時,發奮著書立說,刻苦鑽研歷代兵法理論,將多年蒐集的戰具、器械資料,治國平天下的方略,歷時十五年輯成一部兵書,鑒於書中的主要論述內容和撰述的目的,茅元儀將這本書取名叫《武備志》。

《武備志》是一部綜合性兵書。這部綜合性兵書於天啟元年,西元1621年刻印。自此以後,這位年輕學子聲名大振,以知兵之名被到處傳揚。

茅元儀文武雙全,當時的人稱他:「年少西吳出,名成北闕聞。下帷稱學者,上馬即將軍。」他一生著作頗豐,著有《武備志》、《督帥紀略》、《復遼砭語》、《石民未出集》、《暇老齋雜

致勝關鍵──用兵之道

記》、《野航史話》等 60 多種，數百萬言，其中對後世影響最深遠的著作當推《武備志》。

《武備志》共分為 240 卷，200 多萬字，738 幅附圖。全書由兵訣評、策略考、陣練制、軍資乘、占度載五部分組成。

兵訣評：18 卷，收錄了《武經七書》，並選錄《太白陰經》、《虎鈐經》的部分內容，加以評點。在這卷中，茅元儀對《孫子兵法》的評論最多，表現出對《孫子兵法》的推崇，他認為學兵學不可不讀《孫子兵法》，說：

先秦之言兵家者六家，前孫子者，孫子不遺，後孫子者，不能遺孫子，謂五家為孫子註疏可也。

策略考：33 卷，以時間為序，從策略的高度選錄了從春秋到元各代有參考價值的六百餘個戰例。所選戰例注重奇略，如，吳越爭霸，勾踐臥薪嘗膽、乘虛搗隙；馬陵之戰，孫臏減灶示弱，誘敵入伏；赤壁之戰，孫劉聯合破曹，巧用火攻等等。其所錄戰例大都是以奇謀偉略取勝的，在緊要之處均有所評點。

陣練制：41 卷，分陣和練兩部分。陣的部分記載了西周至明代的各種陣法，配以 319 幅陣圖，以諸葛亮的八陣、李靖的六花陣、戚繼光的鴛鴦陣為詳。陣有說記，有辯證。

練的部分，詳細記載了選士練卒之法，包括選士、編伍、懸令賞罰、教旗、教藝五方面內容，詳細地記載了士卒的選練

方法，其中包括士卒的選拔淘汰，車、步、騎、北兵的編伍，賞罰賞律例，教兵方法，兵器訓練等。其內容多采自《太白陰經》、《虎鈐經》、《行軍需知》、《紀效新書》、《練兵實紀》等兵書。

茅元儀認為，古代陣法失傳，後人便胡編亂造，這樣以訛傳訛。他把這些圖繪製下來，目的就是要正本清源，使真正的陣法得以流傳。

軍資乘：55卷，分營、戰、攻、守、水、火、餉、馬八類，下設65項細目，內容十分廣泛，涉及行軍設營、作戰布陣、旌旗號令、審時料敵、攻守城池、配製火藥、造用火器、河海運輸、戰船軍馬、屯田開礦、糧餉供應、人馬醫護等事項。

這些內容紀錄十分詳備，如收錄的攻守器具、戰車艦、船、各種兵器就達600種。其中火器180多種，有陸戰用、有水戰用、有飛鏢式，也有地雷式，記錄得十分詳細，為其他兵書所不及。

占度載：93卷，分為占和度兩部分。占即占天，主要記載天文氣象，有占天、占日、占月、占星、占雲、占風雨、占風、占濛霧、占紅霓、占霞、占雨雹、占五行等。這部分內容是把自然與人事聯一起，認為某種天象往往就是某種人事即將發生的徵兆。

度即度地，主要記載兵要地誌，分方輿、鎮戍、海防、江

致勝關鍵─用兵之道

防、四夷、航海六類,圖文並茂地敘述了地理形勢、關塞險要、海陸敵情、衛所部署、督撫監司、將領兵額、兵源財賦等等內容。

作為一部百科全書式的兵書,《武備志》體系宏大,條理清晰,體例統一。它將二千餘種各朝的軍事著作分門別類,每類之前有序言,考其源流,概括其內容,說明編撰的指導思想和資料依據。

茅元儀在每一大類之下又分為若干小類,小類之下根據需求設定細目。文中有夾註,解釋難懂的典故,而且用各種不同的符號文字眉批表現自己對各個問題的看法。

全書對明代軍事的記載最為詳盡,茅元儀不僅選錄了戚繼光、俞大猷等人的治軍、練兵、作戰等方面的言行,也選錄了與他同時代人的軍事資料,如王鳴鶴的「號令說」等。

茅元儀在《武備志》中表現了要加強武備,富國強兵等思想。他痛斥當時的士大夫不重視兵事,遇有戰事就驚慌失措,束手無策。他提出:「唯富國者能強兵」,這也是這本書的主旨。他勸說朝廷振興武備,提高警惕。

他還主張開礦、屯田,發展經濟,軍隊要經常訓練,認為:「兵之有練,聖人之六藝也。陣而不練,則土偶之鬚眉耳」。在國家防禦上,他主張邊、海、江防要並重,不能有所偏頗,使敵人有機可乘。

《武備志》輯錄了古代許多其他書中很少記載的珍貴資料，如一些雜家陣法、陣圖，這是在專門研究陣法、陣圖的著作，如《續武經總要》中都沒有記載的，但《武備志》卻有詳細的記載。

另外，全書附圖七百三十八幅，除《手段訣評》和《策略考》外，都有大量附圖，圖形生動形象，使很多古代兵器、車船等的形制以及山川河流的概貌得以完整呈現。

《武備志》的刊行並流傳，對改變明末重文輕武，武將多不知兵法韜略，武備廢弛的狀況有著非常重大的現實性的意義。它種類詳備，收輯周全，其中存錄很多十分珍貴的資料，為後世所推崇。

【旁注】

郎中：這裡的郎中指的是古代一種官職，郎中原是帝王侍從官的通稱。其職責原為護衛、陪從，隨時建議、差遣。戰國時期出現。後世以侍郎、郎中、員外郎為各部要職。職責是分掌各司事務，其職位僅次於尚書、侍郎、丞相。

女真族：又名女貞、女直，古代生活於東北地區的古老民族，現今滿族、赫哲族、鄂倫春族等的前身。西元6至7世紀稱「黑水靺鞨」，西元9世紀起才更名為女真。17世紀初建州女真部逐漸強大，其首領努爾哈赤統一了女真諸部，西元1616年建立後金政權，至西元1636年，女真族首領皇太極改女真族號

為滿洲。

翰林院：唐朝開始設立，初時為供職具有藝能人士的機構，自唐玄宗後，翰林分為兩種，一種是翰林學士，供職於翰林學士院，一種是翰林供奉，供職於翰林院。晚唐以後，翰林學士院演變成了專門起草機密詔制的重要機構。宋朝後成為正式官職，明以後被內閣等代替，負責修書撰史，起草詔書。

戚繼光（西元1528年～1588年）：字元敬，號南塘，漢族，山東登州人。明朝傑出的軍事家、詩人、民族英雄。戚繼光在東南沿海抗擊倭寇十餘年，確保了沿海人民的生命財產安全；又在北方抗擊蒙古部族來犯十餘年，保衛了北部疆域的安全。作為軍事家，著有《紀效新書》、《練兵實紀》等兵書，還改造、發明了各種火攻武器。

《練兵實紀》：明代著名軍事家戚繼光的一部兵書。此書正集9卷，附雜集6卷。它和《紀效新書》稱為戚氏兵書姐妹篇。《練兵實紀》內容廣泛，涉及兵員選拔、部伍編制、旗幟金鼓、武器裝備、將帥修養、軍禮軍法、車步騎兵的編成保結及其同訓練等建軍、訓練和作戰的各個方面。

五行：中國古代的一種觀念，多用於哲學、中醫學和占卜方面。五行指：金、木、水、火、土。五行學說認為大自然由五種要素所構成，隨著這五個要素的盛衰，而使得大自然產生變化，不但影響到人的命運，同時也使宇宙萬物循環不已。

雜家：戰國時期百家爭鳴中的一家，其內容很多與方術有關，據說是道家的前身。雜家在歷史上並未如何顯赫，雖然號稱「兼儒墨、合名法」；「於百家之道無不貫綜」，實際上流傳下來的思想不多，在思想史上也沒有多少痕跡。

【閱讀連結】

閹黨魏忠賢把持了明朝廷的政權，他一手遮天，為所欲為，他逼迫不肯與他同流合汙的孫承宗辭官，茅元儀也受牽連被削籍，於天啟六年，即西元 1626 年告病南歸。第二年十月，朱由檢即帝位，繼位後，他下令殺了危害明王朝的閹黨禍首魏忠賢，閹黨因此勢力大落。

茅元儀知道消息後，隨即趕赴京城，向朱由檢進呈了他精心編撰的《武備志》。西元 1629 年冬，後金騎兵直撲北京，孫承宗受命督師奮力擊退了後金軍的進攻，解了北京之危。茅元儀因功升副總兵，督理覺華島水師。但不久又被權臣梁廷棟所忌而解職。之後，遼東軍情又一次緊急，他請求率兵抵禦，但卻遭到奸佞之臣的阻撓而沒有成功，西元 1640 年，茅元儀在悲憤中縱酒而亡。

致勝關鍵—用兵之道

百言精粹：揭暄潛心著《兵家百言》

　　西元1613年揭暄出生於江西廣昌旴江鎮一個書香門第，他的祖父為郡庠生，父親為邑廩生。揭暄自幼表現出與眾不同的秉性，可以概括為「少有奇氣，喜論兵，慷慨自任」。

　　在成為明代縣學「諸生」時，揭暄所學十分廣泛，對諸子、詩賦、數術、天文、軍事、岐黃等術無所不涉，也其研究也頗為精深。揭暄喜歡了解世事，有「獨好深湛之思」的嗜好，當時的人常以「才品兼優，德學並茂」稱呼他。

　　西元1645年，江南地區南明政權反抗清朝的統治，先後發動多起抗清活動。揭暄與父親、好友何三省、駱而翔舉義兵，在閩、贛邊境的建寧、廣昌、長汀一帶抗擊清兵，與南明兵部侍郎揭重熙領導的抗清大軍互為犄角之勢。

　　西元1646年，揭暄所部歸明唐王朱聿鍵節制。他向唐王上言天時、地勢、人事及攻守戰禦機要等策被採納，被授以兵部職方司主事，一年後，揭暄被調為宣諭使吳炳副手，前往江西安撫諸營，到瑞金時聽到父親殉難的消息，十分悲痛，傷心之餘，他決定辭官不做，隱居山林。

　　在隱居期間，物換星移，清朝已經確立全國的統治地位。

清康熙帝聞聽揭暄的大名,多次派人召他出來當官。揭暄對當官已經不感興趣,他以年邁多病的理由推辭了宣召。

揭暄靜下心來,潛心研究,致力於著述。其著述涉及軍事、天文、歷史、地理、哲學等諸多領域,其真知灼見,為海內外學者所推崇。

在眾多的著述中,揭暄最大的貢獻當推其費盡心血的軍事名著《揭子兵法》。《揭子兵法》分〈智〉、〈法〉、〈術〉三卷,總計一百篇,亦稱《兵經百篇》、《兵鏡百篇》、《兵法百言》、《兵經百言》、《兵經百字》、《兵略》、《揭子兵書》、《兵法圓機》等。

《兵經百言》繼承了古代優秀的軍事思想,並結合作者自己的研讀心得和清代的軍事實踐,用當時較為通俗的語言來闡述,對一些問題提出了自己的看法。

《兵經百言》將軍事上各方面的問題概括歸納為一百個字,每字之下有一段論述,又大體按權謀、形勢、陰陽的分類標準,按內容屬性分為〈智〉、〈法〉、〈術〉三篇。

上卷〈智〉部,28字條,主要講設計用謀的方法、原則,共收28字,即:先、機、勢、識、測、爭、讀、言、造、巧、謀、計、生、變、累、轉、活、疑、誤、左、拙、預、疊、周、謹、知、間、祕。

中卷〈法〉部,44字條,主要講組織指揮及治軍的方法、原

致勝關鍵—用兵之道

則，共收44字，即：興、任、將、輯、材、能、鋒、結、馭、練、勵、勒、恤、較、銳、糧、行、移、住、趨、地、利、陣、肅、野、張、斂、順、發、拒、撼、戰、傳、分、更、延、速、牽、勾、委、鎮、勝、全、隱。

下卷〈衍〉部，28字條，主要講天數、陰陽及作戰中應注意的問題，共28字，即：天、數、闢、妄、女、文、借、傳、對、蹙、眼、聲、挫、混、回、半、一、影、空、無、陰、靜、閒、忘、威、緩、自、如。

《兵經百言》提倡先發制人。它把「先」字放在通篇之首，並將先發制人的運用技巧分成四種境界：調動軍隊應能挫敗敵人的計謀為「先聲」；每每比敵人先占必爭之地者為「先手」；不靠短兵相接而靠預告設下的計謀取勝為「先機」；不用爭戰應能制止戰爭，戰事未發應能取勝為「先天」。

它強調：

先為最，先天之用尤為最，能用先者，能運全經矣。

大意是：「先天最為重要，誰掌握了先發制人的訣竅，誰就能掌握戰爭的主動權。」可見「先」是揭暄重點強調和提倡的。「致人而不致於人」、「兵無謀不戰」、「不戰而屈人之兵」與「先發制人」都有著內在淵源，都體現了在戰爭中積極進取的競爭意識。

百言精粹：揭暄潛心著《兵家百言》

《兵經百言》提倡樸素的軍事辯證法，力主靈活用兵。認為「事變幻於不定，亦幻於有定，以常行者而變之，復以常變者而變之，變乃無窮。」

揭暄在書中用「生」、「變」、「累」、「轉」、「活」、「左」等字條，從各個方面說明了變與常的辯證關係，如「累」：強調敵變我變的權變思想，說：

我可以此制人，即思人亦可以此制我，而設一防；我可以此防人之制，人即可以此防我之制，而增設一破人之防。

《兵經百言》為兵法中單獨提出「轉」思想的唯一兵書，「轉」字提出反客為主，以逸待勞的轉化思想。

《兵經百言》在軍事哲學方面具有明顯的進步，它用樸素的唯物主義自然觀解釋古代的天文術數，認為「星浮四遊，原無實應。」風雨雲霧是一種自然現象，這些自然現象的產生與社會活動沒有必然連繫，但人們可以利用這些現象為社會活動服務。

在此基礎上，它反對觀天意，而主張觀天象而用兵，並總結了惡劣氣候往往是進攻一方喜歡利用的時機。

它對術數完全持否定態度。所謂術數是指以種種方術，透過觀察自然界的現象來推測人、軍隊和國家的氣數和命運。它認為戰爭勝負與術數無關，是人決定「氣數」，而非「氣數」決定人。指出：「兵貴用謀，何可言數……數系人為，天著何處。」

它明確提出了軍事事物具有相互對立又相互依存的兩個方面，指出：「有正即有奇，可取亦可捨。」

在這一思想之下，它對軍事上的許多問題都能從正反兩方面來論述，如在講到以計破敵時，指出：

我以此制人，人亦可以此制我，而設一防。我以此防人之制，人亦可以此防我之制，而增設一破人之防。

強調戰爭時，我用計，敵亦用計，我變敵亦變，只有考慮到這一點，才能高敵一籌，最後戰而勝之。

揭暄體認到事物之間的相互變化，主張以變制變，活用兵法，認為「動而能靜，靜而能動，乃得兵法之善。」陰陽、主客、強弱都處在不斷變化之中，指出用兵要善於隨機應變，而靈活用兵。

《兵經百言》內容比較豐富，而且不雜抄硬拼，語言也較簡練，具有一定軍事學術價值，對後世有較大影響，揭暄和他的這本書被時任江西學政的吳炳和兵備道王養正稱讚：為「異人異書」，捐資為其刊行，並撰文介紹。

《兵經百篇》初以抄本傳世，後被賀長齡、魏源收入《皇朝經世文編》，李鴻章收入《兵法七種》刊行。光緒年間浙江學堂教員侯榮逐字釋義，並引戰例相佐證，最後由齊國璜整理出版，後又有多種鉛印本行世。

《兵經百言》獨樹一幟，其中收錄的一百個字條，繼承並發展了上下古今的兵家思想精華，並將之貫穿起來，構成一個較為完整的體系。

《兵經百言》的軍事理論和兵學成就已經超過了前人，該書理論明確，表述深入淺出，篇中百字，可謂字字珠璣。百字內容相互貫通，互為表裡，互相對應，互相補充，先看後看，都能給予人啟迪，其中的哲理警句，也耐人尋味。

【旁注】

郡庠生：古代學校稱「庠」，：庠即學校，因此學生稱「庠生」。庠生也就是秀才之意。明清時期叫州縣學為「邑庠」、「郡庠」，所以秀才也叫「邑庠生」、「郡庠生」，或叫「茂才」。秀才向官署呈文時，自稱庠生、生員等。

諸生：指中國古代經考試錄取而進入中央、府、州、縣各級學校的生員，包括在最高學府太學學習的生員。生員有增生、附生、廩生、例生等，統稱為諸生。

南明：亦稱後明，是明末起義軍首領李自成攻陷明朝首都北京後，明朝皇族與官員在南方建立的若干政權的統稱，存在的時間為西元 1644 年～1662 年，為時十八年。如果加上臺灣的鄭氏政權，則為四十年。

「不戰而屈人之兵」：出自兵書《孫子兵法・謀攻》，原意為

讓敵人的軍隊喪失戰鬥能力，從而使己方達到完勝的目的。現多指不透過雙方軍隊的兵刃的交鋒，便能使敵軍屈服。

謠讖：中國古代政治預言，是一種獨特的歷史文化現象。在史籍記載和民間流傳中，都顯得神祕玄妙，似有靈驗，歷朝雖久禁而不衰。謠讖傳播主要有五種形式：兒童傳謠、銘文石刻、題壁展示、僧道傳謠、典籍傳播。

《皇朝經世文編》：清代類編性散文總集。《皇朝經世文編》成書於道光六年，即西元 1826 年，共：120 卷，分為學術、治體、吏政、戶政、禮政、兵政、刑政、工政八類，類下又分子目。選輯清初至道光前官方文書、專著、述論、奏疏和書札等文獻，入選作品主要反映了清代前期和中期部分學者和官吏的「經世致用」思想及改革圖治的願望。

【閱讀連結】

揭暄博覽群書，對天文地理都頗有研究，他為精察辨明宇宙的奧祕，博覽群籍，日夜觀察天象，精心考據，於康熙二十八年，即西元 1684 年，著成《璇璣遺述》10 卷。

《璇璣遺述》是揭暄耗費了五十年精力而寫就的一部天文力作，書中不僅闡述了他在天文學方面的驚人見解，還體現了淵博的數學知識。自轉是天體的重要運動形式。伽利略於 17 世紀初透過對太陽黑子的觀察，推測出太陽有自轉存在。揭暄經過

深入研究,獨立地提出了天體自轉思想。揭暄的自轉學說在中國天文學發展過程中有著重要的地位,具有開創性的意義。著名天文學家方以智也稱他為「出千古下,集千古智」,「其論出於大西諸儒之上」的千古奇人。

國家圖書館出版品預行編目資料

兵家韜略，兵法謀略與文化內涵：生死決戰間的制勝法則，重現兵家智慧的極致藝術 / 肖東發 主編，馮化志 編著. -- 第一版. -- 臺北市：複刻文化事業有限公司, 2025.01
面； 公分
POD 版
ISBN 978-626-7620-47-2(平裝)
1.CST: 兵法 2.CST: 中國
592.09   113020249

兵家韜略，兵法謀略與文化內涵：生死決戰間的制勝法則，重現兵家智慧的極致藝術

主　　編：肖東發
編　　著：馮化志
發 行 人：黃振庭
出 版 者：複刻文化事業有限公司
發 行 者：崧燁文化事業有限公司
E - m a i l：sonbookservice@gmail.com
粉 絲 頁：https://www.facebook.com/sonbookss/
網　　址：https://sonbook.net/
地　　址：台北市中正區重慶南路一段 61 號 8 樓
8F., No.61, Sec. 1, Chongqing S. Rd., Zhongzheng Dist., Taipei City 100, Taiwan
電　　話：(02) 2370-3310　　傳　　真：(02) 2388-1990
印　　刷：京峯數位服務有限公司
律師顧問：廣華律師事務所 張珮琦律師

-版權聲明

本書版權為大華文苑出版社所有授權複刻文化事業有限公司獨家發行繁體字版電子書及紙本書。若有其他相關權利及授權需求請與本公司聯繫。
未經書面許可，不可複製、發行。

定　　價：299 元
發行日期：2025 年 01 月第一版
◎本書以 POD 印製
Design Assets from Freepik.com